두루미,
하늘길을
두루두루

두루미, 하늘길을 두루두루

ⓒ 환경운동연합 2015

초판 1쇄 발행일 2015년 12월 17일

기   획 환경운동연합
지 은 이 김신환 · 김인철 · 전영국 · 조홍섭 · 진익태 · 세르게이 스미렌스키 · 조지 아치볼드 · 홀 힐리
펴 낸 이 이정원

출판책임 박성규
기획실장 선우미정
편집진행 유예림
편   집 김상진 · 구소연
디 자 인 김세린 · 김지연
마 케 팅 석철호 · 나다연
경영지원 김은주 · 이순복
제   작 송세언
관   리 구법모 · 엄철용

펴 낸 곳 도서출판 들녘
등록일자 1987년 12월 12일
등록번호 10-156
주   소 경기도 파주시 회동길 198번지
전   화 마케팅 031-955-7374 편집 031-955-7381
팩시밀리 031-955-7393
홈페이지 www.ddd21.co.kr

I S B N 979-11-5925-120-7 (03490)

「이 도서의 국립중앙도서관 출판예정도서목록(CIP)은 서지정보유통지원시스템 홈페이지(http://seoji.nl.go.kr)와 국가자료
공동목록시스템(http://www.nl.go.kr/kolisnet)에서 이용하실 수 있습니다.(CIP제어번호: CIP2015033458)」

두루미, 하늘길을 두루두루

김신환·김인철·전영국·조흥섭·진익태
세르게이 스미렌스키·조지 아치볼드·홀 힐리 지음
환경운동연합 기획

들녘

천년학 '두루미'가 안녕하기를

우리나라는 동아시아-대양주 철새 이동경로에서 주요 기착지 역할을 하고 있습니다. '겨울진객'이라 불리는 겨울철새 두루미도 러시아 무라비오카, 중국 헤이룽장성 등지에서 번식을 한 후 겨울을 나기 위해 우리나라와 일본으로 이동을 합니다. 해마다 추운 겨울이 되면 하얀 눈이 내린 민통선 너른 논밭에서 두루미들을 볼 수 있습니다. 하얀 도화지가 된 논밭에서 흰 날개를 펼치며 '뚜루루루~' 우는 두루미의 고고한 자태는 장관을 이룹니다.

두루미는 인류 출현보다 앞선 5,500만 년 전부터 지구에 살아왔습니다. 공룡보다 오래 살아남은 존재이기도 합니다. 하지만 지금 지구상에 존재하는 15종의 두루미 중에서 우리나라에 찾아오는 3종인 두루미, 재두루미, 흑두루미를 모두 합쳐도 채 2만 마리가 되지 않는 상황입니다.

왜 인류보다 오래 지구의 생명체로 살아온 두루미들이 점점 사라져가고 있는 것일까요?

그 이유는 인류의 삶의 방식과 무관하지 않습니다. 각종 병해충을 방지하기 위해 살포되는 농약, 나락 한 톨조차 남기지 않는 볏단 포장기술 등은 인류의 식량난을 해결해주었습니다. 하지만 먹이를 충분히 먹고 에너지를 보충하려는 두루미에게는 반가운 소식이 아니었던 것입니다.

또한 두루미는 인간의 수렵 욕구를 해소하는 희생양이 되어 사라져가기도 했습니다.

예로부터 두루미는 십장생 중 하나로 장수, 선비의 청렴함, 행복의 상징으로 인식되어왔습니다. 우리 선조들은 두루미가 천년을 살면 푸른 '청학(靑鶴)'으로 또 천년을 살면 검은 '현학(玄鶴)'으로 변하여 불사조가 된다고 믿었습니다. 그만큼 두루미에 대한 우리 민족의 애정은 특별했습니다.

두루미가 천년학의 꿈을 이루고 오래도록 우리와 함께 지구 구성원의 일부로 살아갈 수 있게 하는 방법을 고민해야 합니다. 환경운동연합이 지난해에 출간한 『수리부엉이, 사람에게 날아오다』에 이어 올

해도 포스코의 지원을 받아 멸종위기종과 생물다양성을 생각하는 두 번째 책 『두루미, 하늘길을 두루두루』를 발간하게 된 까닭입니다. 여러분의 손에 들린 이 책이 멸종위기동물 1급이자 천연기념물 202호인 '두루미'에 대해 좀 더 알고, 멸종위기종과 인류의 공존을 위한 삶을 생각해보는 기회가 되면 좋겠습니다.

2015. 12.

환경운동연합

차 례

조 홍 섭

환경과 과학 분야에서 30년째 기사와 칼럼을 써온 우리나라 전문기자 1세대.

생태보전, 공해반대 주민운동, 원자력발전 문제, 4대강 개발 등 1980년대 이후 주요한 환경 현안을 취재했다.

서울대 공과대학과 영국 랭커스터 대학교 대학원에서 화학공학 학사와 환경사회학 석사 학위를 받았다.

고려대, 이화여대, 국민대 등에서 겸임교수나 강사로 일했다. 2005년 교보생명환경문화상 언론대상을 받았다.

현재 한겨레신문 환경전문기자 겸 논설위원으로서 환경 생태 전문 웹진 물바람숲(ecotopia.hani.co.kr)을

운영하면서 생태학, 기후변화, 자연사 등 인간과 자연을 성찰하는 칼럼과 기사를 쓰고 있다.

『자연에는 이야기가 있다』『한반도 자연사 기행』『생명과 환경의 수수께끼』『프랑켄슈타인인가 멋진 신세계인가』

등의 책을 냈다.

청학이 깃드는 한반도

〈한겨레〉 환경전문기자 / 논설위원 조홍섭

중국 동진의 시인 도연명(陶淵明, 365~427)은 중국의 이상향인 무릉도원을 이렇게 묘사했다.

입구는 좁았으나 수십 보 다음부터는 훤히 트이고 밝아졌으며 평평하고 드넓은 토지가 펼쳐졌다. 거기에는 가옥들이 있었고, 기름진 밭, 연못, 뽕나무, 대나무가 있는가 하면, 길이 교차하고 닭 우는 소리, 개 짖는 소리가 들려왔다. (⋯) 진나라의 난리를 피하여 처자와 동네 사람들과 같이 이곳에 온 뒤로는 가히 바깥세상에 나간 적이 없다고 한다.[1]

무릉도원 하면 뭔가 거창한 곳처럼 느껴지지만 실제로는 그렇지 않았다. 우리 조상이 가장 좋다고 생각한 이상향도 비슷했다. 왜구 등의 외침이 적은 곳, 태풍 같은 자연재해가 적은 곳, 난리가 나더라도 스스로 먹고살 수 있는 자급 능력을 갖춘 곳이면 됐다. 외적의 침입과 관료의 학정으로 삶이 피폐해질수록 백성들은 이런 곳에 살기를 꿈꾸었고 실제로 그곳을 찾아 나서기도 했다. 우리나라에서 그런 이상향은 청학동(淸鶴洞)이다. '푸른 학이 사는 골짜기'란 뜻이다. 청학은 전설의 새인데, 이 새가 울면 천하가 태평하다고 한다. 청학동을 처음으로 기록한 이는 고려 중기의 문신 이인로였다. 그는 『파한집』에서 "지리산 안에 청학동이 있으니 길이 매우 좁아서 사람이 겨우 통행할 만하고 엎드려 수리를 가면 곧 넓은 곳이 나타난다. 사방이 모두 옥토라 곡식을 뿌려 가꾸기에 알맞다. 청학이 그곳에 서식하는 까닭에 청학동이라 부른다. 아마도 옛날 세상에서 숨은 사람이 살던 곳으로 무너진 담장이 아직도 가시덤불 속에 남아 있다."라고 했다. 선경을 찾던 유학자와 고향을 떠난 유민 모두가 그리워하던 청학동은 어디일까. 최원석 경상대 교수는 청학동이 한 곳이 아니라 무려 45곳에 그런 이름을 지닌 마을이 나타났지만, 애초 청학동이 위치한 곳은 지리산 자락이었다고 말한다.

늦어도 고려 후기 전후부터 경남 하동의 불일폭포와 불일암 부근을 중심으로 비정된 청학동은, 조선시대를 거치면서 유학자들에게 선경(仙境)이자 이상향의 상징적 장소였다. 조선 중·후기에는 원 청학동 인근의 의신, 덕평, 세석, 묵계 등지에 민간인들이 취락을 이루어 청학동의 이상을 기대하고 또 실현하고자 하였다. 현대에 와서 청학동은 관 주도로 하동군 청암면 묵계리에 재구성되었고, 청학동의 장소이미지를 활용한 장소마케팅의 관광지로 개발되었다.[2]

청학동을 현대적으로 해석한다면 아마도 '지속가능한 마을' 정도가 될 것이다. 외부의 충격으로부터 곧 회복할 수 있는 탄력성을 지닌, 생태적으로 건강하며 사람들의 삶과 주변 자연환경이 조화를 이룬 곳이 다름 아닌 이상향이 아닐까.

그런 이상향을 푸른 학이 사는 곳으로 보았다는 건 의미심장하다. 학은 고구려 벽화에서도 보이는 열 가지 장생불사를 나타내는 십장생(十長生)에 들어 있고 조선시대에는 선비의 상징으로 문관의 흉배에 수놓은 동물이다. 도자기, 병풍, 그림, 가구 등에서도 빠짐없이 학은 등장한다. 학춤은 중요무형문화재이기도 하다. 우리 조상은 두루미나 황새, 왜가리, 백로 등을 가리지 않고 학으로 표현했다. 다리 구조가 나무에 앉는 것이 불가능한 두루미를 나무 위에 앉은 것으로 그려놓은 건 바로 두루미와 황새를 구별하지 않았음을 보여준다. 그러나 그림의 형태로 보나 다른 여러 가지 측면에서, 전통적으로 학이라고 한 새는 두루미일 가능성이 커 보인다. 무엇보다 두루미는 오래 살고 또 늙어서도 왕성한 활력을 자랑한다. 스위스의 한 동물원에서 기르던 시베리아흰두루미 수컷은 20세기 초 성체 상태로 포획되었는데 1988년 숨졌다. 약 90년을 산 것이다.[3] 이 두루미는 두 차례의 세계 대전을 동물원 안에서 보냈고 70대 후반의 나이에도 인공수정을 통해 미국 국제두루미재단에서 어린 두루미의 아빠가 되기도 했다. 재두루미도 동물원에서 64세와 67세 이상 산 기록이 있으며 이들은 60세가 넘어서도 번식을 했다. 두루미는 오랜 세월에 걸쳐 번식력을 유지했는데 볼장식두루미 한 마리는 뉴욕동물원에서 33년 이상 알을 낳았고 검은목두루미는 43년 동안 알을 낳기도 했다. 물론 야생에서 얼마나 오래 사는지는 알 길이 없다. 다리에 표지를 붙이기 시작한 지는 얼마 안 됐다. 가혹한 환경을 이겨야 하는 야생에서는 수명이 동물원에서보다 짧을 것이 분명하다.

두루미는 세계 곳곳의 신화와 전설, 그리고 예술과 설화 속에 등장한다.[4] 우리나라와 중국, 일본뿐이 아니다. 선사시대 동굴에 두루미가 벽화로 남아 있는 곳이 아프리카, 호주, 유럽에서 발견됐다. 이집트의 무덤에도 쇠재두루미로 장식된 그림이 있다. 그리스에서는 두루미를 기르는 취미가 널리 퍼졌고 중국에서도 귀족들 가운데 두루미를 기르는 이가 많았다고 마르코 폴로의 견문록이 전한다. 학춤은 우리나라뿐 아니라 지중해, 중국, 시베리아, 호주 원주민 사이에도 퍼져 있다. 두루미를 나라 새(國鳥)로 정한 곳도 일본, 나이지리아, 우간다, 남아공 등 여럿이다. 이처럼 두루미가 사람과 밀접한 관련을 맺어온 이유는 사람에게 강한 인상을 주는 요소를 두루 지니고 있기 때문이다. 두루미는 덩치가 크고 큰 소리를 내면서 동작이 우아하고 위엄 있는 모습을 하고 있다. 또 부부가 평생을 해로하고 가족생활을 하며 춤과 동작을 통해 다양한 의사표현을 하기도 한다.

크기만 하더라도 두루미는 날아다니는 새 가운데 가

▲ 볼장식두루미 /Tom Friedel
▼ 쇠재두루미 /David Slack

장 키가 크다. 큰두루미의 키는 176㎝에 달하며, 한반도에 도래하는 두루미(단정학)는 가장 체중이 무거운 종류로 월동지로 떠나기 직전 지방을 잔뜩 비축했을 때는 12㎏까지 나간다. 비행을 위해 뼛속까지 비우는 새로서는 매우 무거운 무게다. 두루미는 덩치가 크면서 동시에 깃털 빛깔이 눈에 잘 띈다. 두루미는 대개 흰색이나 잿빛을 띤다. 두루미, 검은꼬리두루미, 아메리카흰두루미, 시베리아흰두루미 등 흰색 깃털을 지닌 두루미는 주로 광활한 습지에서 번식한다. 반면 흑두루미, 검은목두루미 등은 어두운 빛을 띠는데 주로 작은 습지나 숲에 둥지를 튼다. 천적의 눈에 잘 띄지 않기 위해서다. 흰색 두루미는 덩치가 크고 방대한 영역을 확보한다. 예를 들어 두루미의 영역은 보통 500㏊에 이른다. 여의도 2배 면적에 두루미 한 쌍이 사는 것이다. 수천 헥타르의 영역을 지니는 두루미도 있다. 월동지인 강원도 철원에서 많은 두루미가 몰려 있는 것만 익숙하게 본 우리에게는 낯설지만, 번식지에서 두루미 한 마리를 보기란 매우 힘든 일이다. 그렇다면 넓은 습지에 사는 두루미 종류는 왜 흰 깃털을 지니는 걸까. 넓은 서식지에서 짝을 쉽게 찾기 위한 적응일 가능성이 있지만 포식자의 눈에 잘 띄는 치명적 단점이 있다. 그래서 몸이 흰 검은목두루미는 둥지를 틀 때 깃털에 진흙을 바르는 행동을 하기도 한다. 하지만 사냥꾼에게 흰색 새는 밝은 표적일 뿐이다. 희고 큰 두루미 4종이 모두 잦은 총질의 목표가 됐고 서식지인 대규모 습지의 파괴와 함께 멸종 위기에 놓여 있다.

두루미라는 이름은 아마도 두루미가 내는 '뚜르륵, 뚜르륵~' 하는 소리에서 왔을 것이다. 두루미는 기도가 코일처럼 굽어 있고 그 끝이 흉골과 융합돼 있어 매우 큰 소리를 낸다. 몇 킬로미터 밖에서부터 들린다. 고대인들은 보이지 않는 하늘 멀리서부터 나팔을 부는 듯한 큰 울음소리를 내며 나타나는 두루미를 보고 하늘나라의 전령을 떠올렸을 것이다.[5] 두루미는 다양한 소리를 낸다. 서로 만났을 때 내는 소리, 날아오르기 전 내는 소리, 짝짓기를 하기 전의 소리, 위험을 알리는 소리, 비행 도중 내는 큰 소리, 둘이서 내는 합창 소리 등이 모두 다르다. 두루미는 표현력이 뛰어난 새다. 소리뿐 아니라 춤으로 알려진 동작도 다양하다. 미국 지질조사국의 두루미 전문가인 데이비드 엘리스 등은 국제두루미재단 등에서 기르는 두루미 15종을 30년 동안 관찰한 결과 두루미의 소리와 몸짓 언어는 60가지 이상으로 다른 새들의 20여 가지, 원숭이의 30여 가지보다 훨씬 많으며, "인간을 빼고 척추동물 중에서 가장 복잡한 행동을 지닌다."라는 결론을 내렸다.[6] 게다가 같은 동작도 상황에 따라 다른 의미를 띠기도 해 두루미 행동의 복잡성은 더욱 늘어난다. 흔히 '춤'으로 알려진 두루미의 행동은 고개 숙이기, 높이뛰기, 달리기, 나뭇가지나 풀을 집어던지기, 날개 퍼덕이기 등 다양한 동작으로 이뤄진다.

두루미는 적어도 4,000만 년 전에 출현한 것으로 알려져 있다. 그러나 완벽한 골격 화석이 프랑스 남부에서 발견된 두루미는 약 3,000만 년 전의 것이다. 독일 연구자 게랄드 마이어가 2005년 과학저널 〈자연

▲ 두루미의 합창 /Atsushi Okazaki

과학)에 보고한 논문을 보면, 신생대 올리고세 말기의 지층에서 발견된 이 새는 해부학적 구조가 두루미와 일치했지만 닭 크기였다.[7] 두루미의 특징은 긴 목과 부리, 다리다. 그러나 이 고대 새는 키도 작았고 부리도 짧았다. 사지는 요즘의 뜸부기와 비슷했다. 마이어는 나중에 두루미의 키와 부리가 길어진 이유가 "올리고세와 마이오세에 걸쳐 기후변화로 숲이 초원으로 바뀌었다. 두루미 조상은 광활한 초지와 습지를 돌아다니며 먹이를 찾는 과정에서 다리와 부리가 길어지는 적응을 한 것으로 보인다."라고 논문에서 밝혔다. 그렇다면 두루미가 처음 출현한 기원지는 어디일까. 부분적 화석이지만 가장 오래된 두루미 조상의 뼈가 발견된 곳은 북아메리카이고 가장 완벽한 화석은 프랑스에서 나왔다. 그러나 조류학자들은 동아시아가 두루미의 고향이라고 믿는다. 세계에는 모두 15종의 두루미가 있다. 이 가운데 8종이 동아시아에 분포한다. 유럽과 북아메리카, 호주에는 각 2종씩, 아프리카에는 5종이 텃새로 살고 1종이 월동한다. 남아메리카에는 두루미가 전혀 없는데 그 이유는 미스터리로 남아 있다. 두루미과는 크게 두루미아과와 관학아과로 나뉜다. 아프리카에만 사는 관머리두루미와 흰볼관머리두루미는 머리 위에 화려한 관 모양의 장식깃털이 나 있는데, 다른 두루미들과 달리 나무 위에서 잠을 잔다. 관학아과의 두루미는 5,000만 년 전에는 유럽과 북아메리카에도 서식했는데 모두 멸종하고 아프리카에만 남았다. 두루미 계통에서 매우 오래된 분류군이다.[8]

대부분의 두루미는 철따라 이동한다. 봄부터 가을까지 습지에서 번식하는 많은 두루미는 얕은 물 위에 둥지를 만든다. 접근하는 포식자를 쉽게 알 수 있기 때문이다. 물이 깊을수록 둥지도 커질 수밖에 없다. 또 홍수가 나 물이 불면 서둘러 둥지를 높여 알이 수면 위에 머물도록 해야 한다. 쇠재두루미나 청(푸른)두루미, 브롤가두루미 등은 땅바닥에 나뭇가지나 자갈 몇 개를 놓은 둥지를 틀기도 한다. 우리나라에서 멸종위기야생동물 1급으로 지정돼 보호받고 있는 두루미(단정학)는 만주 쑹화강의 자롱 자연보호구와 한카호수, 중국과 러시아 국경인 아무르강의 힝간스키 자연보호구와 우수리강 등에서 번식하는 집단과 일본 홋카이도 동쪽 해안의 구시로 습지 등에서 텃새가 돼 번식하는 집단으로 나뉜다. 우수리강과 한카호 등에서 번식한 집단은 겨울이 다가오면 한반도의 비무장지대와 북한 안변 등 원산 일대 해안, 북한의 황해도와 평안도 서해안에 와 겨울을 난다. 나머지 내륙 쪽 집단은 황하를 거쳐 양쯔강 하구의 습지에서 월동한다. 재두루미도 비슷한 양상을 보인다. 번식지는 서쪽으로 바이칼호수로부터 아무르강 자롱 자연보호구, 한카호수, 삼강평원, 우수리강, 힝간스키 자연보호구 등 중국과 러시아의 동아시아 국경 일대다. 두루미와 차이가 있다면 일본 홋카이도가 아닌 남쪽 규슈 이즈미가 월동지라는 사실이다. 우수리강과 삼강평원 등 번식지 동쪽 집단은 북한과 비무장지대, 한강 하구, 낙동강 등을 거쳐 일본으로 향하고 서쪽 집단은 양쯔강의 포양호, 동정호 등에서 겨울을 난다. 몸 빛깔이 짙은 흑두루미는 두루미나 재두루미와 달리 광활한 평원 습지가 아니라 숲이 있는 곳이 번식지다. 따라서 그 위치도 이들보다 더 북쪽이어서 바이칼호 동쪽의 습지가 있는 침엽수림에서 번식한다. 눈에 잘 띄지 않는 이 두루미의 번식지는 1970년대 중반에야 알려졌다. 아무르강을 따라 펼쳐진 동시베리아의 침엽수림 지대와 연해주의 비킨강 유역에서 둥지를 튼다. 흑두루미의 최대 월동지는 일본 규슈의 이즈미와 야시로다. 한반도의 낙동강도 큰 월동지였지만 개발과 4대강사업으로 사라졌고 생태관광지로 자리 잡은 전남 순천만이 주요한 월동지로 떠오르고 있다. 중국 양쯔 강변도 핵심적인 월동지다.

두루미 가운데 가장 먼 거리를 이동하는 종류는 시베리아흰두루미다. 긴 여정에서 수많은 위험에 노출되기 때문에 세계에서 가장 심각한 멸종 위기에 놓인 두루미이기도 하다. 번식지는 북극해에 접해

순천만 전경 /사진 순천시

있는 시베리아 북단의 두 곳으로 나뉘어 있고, 몽골 동쪽 끄트머리에 있는 다우르스키 자연보호구에도 작은 번식지가 있다. 동쪽 집단은 자롱 자연보호구를 거쳐 중국 양쯔강의 포양호 등에서 겨울을 나는데, 다른 두루미 무리와 섞여 철원 비무장지대에도 가끔 모습을 드러낸다. 서쪽 집단은 북극해로 흘러드는 오브강 등의 습지에서 번식한 뒤 카자흐스탄과 아프가니스탄을 거쳐 인도에서 월동하거나 이란의 카스피해 해안에서 겨울을 보낸다. 그러나 거리는 이처럼 길지 않아도 더 극적인 이동을 하는 무리도 있다. 해마다 수천 마리의 쇠재두루미와 검은목두루미가 히말라야 산맥을 넘나든다. 쇠재두루미는 흑해에서 몽골에 이르는 초원지대에 사는 종류인데 일부가 힌두쿠시 산맥을 통과해 파키스탄과 인도에서 월동한다. 유라시아 대륙 전역에 걸쳐 번식하는 검은목두루미 일부 집단도 이 이동경로를 택한다. 러시아의 지리학자로 티베트 탐험으로 유명한 니콜라이 프르제발스키는 1875년 발행한 『몽골의 조류, 탕구트 지방 및 북부 티베트』란 책에서 검은목두루미를 발견한 기록을 남기고 있다.

> 칸수에서… 우리는 절대고도 3,230m에 텐트를 쳤다. 그러나 이 새들은 너무나 높은 고도를 날아가고 있어서 우리는 새들의 모습을 보기 힘들다. 한 무리에 뒤이어 다른 무리가 날아오는데 그 이동이 하루 종일 계속된다.[9]

작고 우아한 몸매를 한 쇠재두루미 무리 일부도 험한 히말라야 산맥을 넘는다. 몽골 초원에서 번식을 마친 이들은 8월 말부터 9월에 걸쳐 400마리에 이르는 무리를 형성해 월동지인 인도로 향한다. 그러나 따뜻한 남쪽 나라에 가려면 먼저 네팔의 히말라야 산맥을 넘어야 한다. 브이 자 대열을 짓고 4,900~8,000m 고도로 날아 흰 눈으로 덮인 거대한 산맥을 넘는 것은 종종 목숨을 걸어야 하는 일이다. 날씨는 춥고 변덕이 심하며 공기는 희박하다. 기력이 떨어져 탈진해 낙오하거나 죽는 개체가 수두룩하다. 게다가 이들의 이동을 기다리는 맹금류의 습격이 수시로 벌어진다. 악천후와 매의 습격을 피해 마을로 대피하다간 사람의 습격을 받기 일쑤다. 이들의 히말라야 통과를 네팔 조류연구자들이 1984년 관찰한 기록이 있다.[10] 연구자들은 10월 7일부터 11월 3일까지 25일 동안 네팔 포카라에서 무크티나트 사이를 트래킹하며 두루미의 이동과 이들을 노리는 맹금류의 습격을 관찰했다. 두루미는 주로 10월 13일에서 21일 사이 오후 2~3시 날씨가 맑고 잔잔한 날 고공으로 이동했다. 모두 8,228마리의 쇠재두루미의 이동을 기록했다. 강한 바람이 불던 날 두루미 수백 마리가 땅에 내려앉았다. 일부는 농지에 착륙했는데 소년들이 새총으로 어린 두루미 7마리를 쏘아 잡았다고 연구진은 밝혔다. 두루미의 이동에 때맞춰 초원의 맹금류도 이동경로로 몰려들었다. 연구자들은 히말라야 산맥을 관통하는 주요 골짜기인 칼리간다키를 따라 두루미가 주로 이동한다고 보았다. 맹금류는 산맥을 넘어 두루미를 추격하지는 않는다. 산맥 남쪽 자락을 동서로 이동하는데, 두루미가 남하하는 시기를 놓치지 않는다. 이들이 관찰한 맹금류는 솔개, 흰꼬리수리, 독수리, 수리, 새매, 매 등 18종 1,332마리에 이르렀다.

그렇다면 산소호흡기는커녕 맨몸으로 두루미들은 어떻게 혹독한 히말라야를 넘을 수 있을까. 소형 무선 추적장치를 새에 부착하는 기술이 발달한 덕분에 그 비밀이 밝혀지고 있다. 쇠재두루미와 비슷한 경로로 히말라야를 횡단하는 줄기러기를 이런 방식으로 연구한 결과가 최근 나왔다. 찰스 비숍 영국 방고르대 박사 등 국제 연구진은 몽골에서 줄기러기 7마리의 몸속에 소형 추적장치를 이식했다. 새에 아무런 해도 끼치지 않고 1년 뒤 제거된 이 장치는 기러기의 심장박동수, 가속도, 체온 등을 측정해 이 새가 어떤 고도를 얼마나 빠른 속도로 이동하고 생리적인 상황은 어떤지를 기록했다. 과학저널 〈사이언스〉에 실린 이들의 논문을 보면, 기러기들이 나타낸 심장박동수는 평균 분당 328회로 평상시에 견줘 그다지 높지 않았다.[11] 놀랍게도 이 새는 세계에서 가장 높은 땅을 가로질러 비행하면서 자신의 생리적 능력 안에서 편안한 상태를 유지한다는 것이다. 연구진은 그 비결을 비행 방식에서 찾았다. 줄기러기들은 무작정 비행고도를 높여 최단 거리로 산맥을 횡단하는 것이 아니라 높은 산을 오르내리며 지형을 따라 비행하는 것으로 나타났다. 힘들게 고도를 높인 뒤 내려가고 다시 고도를 높이는 건 에너지를 낭비하는 것처럼 보인다. 실제로 실험장치를 단 줄기러기 한 마리는 해발 3,200m 지점까지 비행한 뒤 산을 따라 오르내리기를 반복하고는 결국 4,590m까지 올랐다. 순 고도 증가는 1,390m인데 실제로 비행한 경로는 올라간 높이가 6,340m, 내려간 높이가 4,950m였다. 놀라운 것은 이렇게 복잡하게 비행하는 쪽

이 직선으로 비행하는 것보다 에너지 소비가 8% 적다는 사실이다.
공기가 희박한 고공을 계속 비행하는 것보다 고도를 낮추면서 공기
밀도가 높은 곳을 비행하는 편이 에너지 소비가 적고 산소를 많이
흡입해 기력을 회복하는 데 유리하다는 것이다. 높은 산에 오를수록
기압이 떨어진다. 해발 5,500m 지점에선 해수면보다 기압이 절반으
로 떨어지고 에베레스트산에 오르면 기압은 해수면의 3분의 1로 줄
어든다. 기압이 떨어지면 산소도 부족하지만, 무엇보다 새가 날기에
힘들어진다. 공기의 밀도가 낮아져 날개를 쳐도 양력이 제대로 나지
않기 때문에 고도를 유지하려면 날개를 더 자주 쳐야 한다. 산의 윤
곽을 따라 비행하는 것은 이 밖에도 맞바람을 피하고 상승기류를 이
용할 수 있으며, 땅을 내려다보며 비행해 더 안전하고 착륙 기회를 포
착하는 데 유리하다. 고도를 높이는 것은 새들에게 예상 밖으로 힘
든 일이었다. 측정 결과를 보면, 기러기가 날갯짓을 5% 늘리면 심장
박동수는 19%나 늘어났다. 공기가 희박한 고공에서 날갯짓을 더 자

주 해 고도를 유지하려 안간힘을 쓰는 것보다 경로는 더 길더라도 공기밀도가 높은 낮은 고도로 이동하는 편이 유리한 것이다. 물론, 이 연구는 줄기러기를 대상으로 한 것이기 때문에, 비슷한 몸집을 하고 비슷한 경로로 히말라야를 횡단한다 해도, 쇠재두루미가 유사한 방식으로 비행한다는 보장은 없다. 두루미를 대상으로 한 연구가 필요한 대목이다.

1996년 개봉된 따뜻한 가족영화 〈아름다운 비행〉에는 교통사고로 엄마를 잃고 방황하던 소녀가 알에서 깬 캐나다기러기의 '엄마'가 되고, 이들이 초경량 비행기를 따라 비행하도록 훈련시켜 2,000km 떨어진 월동지로 성공적으로 이동시키는 이야기가 나온다. 캐럴 발라드 감독의 이 영화 원작은 실제로 경비행기를 이용해 야생 거위를 이동시킨 사례를 토대로 했다. 야생 새들은 알에서 깨어 나오자마자 처음 본 상대를 따른다. 이런 각인 효과를 이용해 초경량 항공기를 엄마로 인식하게 한 뒤 장거리 이동 방법을 가르치려는 시도가 1990년대 들어 미국과 캐나다에서 캐나다기러기, 고니, 아메리카흰두루미 등을 대상으로 이뤄졌다. 아메리카흰두루미는 1940년대에 남획과 서식지 파괴로 야생에서 25마리 미만이 살아남았다가 현재 간신히 250마리로 불어난 멸종위기종이다. 미국 정부와 시민단체는 유일한 야생집단인 캐나다 북서부와 미국 텍사스 해안을 오가는 아메리카흰두루미 무리에 더해 미국 동부 위스콘신주와 플로리다 사이를 오가며 번식과 월동을 하는 새 집단을 복원하기로 했다. 핵심 수단은 〈아름다운 비행〉에서 쓴 초경량 비행기였다. 2001년부터 인공 부화한 두루미

▲ 경비행기를 따라 비행하는 아메리카흰두루미 /United States Fish and Wildlife Service (CC-BY-2.0)
▼ 경비행기 엄마와 아기새들 /Paul K Cascio (U.S. Geological Survey)

를 대상으로 초경량 비행기를 따라 비행하는 훈련을 시켰다. 이런 노력에 힘입어 동부 지역에 100마리 이상의 두루미가 복원됐다. 그 과정에서 축적된 자료를 바탕으로 한 연구 성과도 나오고 있다. 두루미마다 위성 수신장치를 부착했기 때문에 개별적 이동경로를 매일 확인할 수 있기 때문이다.

미국 매릴랜드 대학 연구진이 지난 8년 동안 이렇게 얻은 자료를 분석한 결과가 2013년 과학저널 〈사이언스〉에 실렸는데, 이 논문에서 연구진은 아메리카흰두루미가 연례 이동을 할 때 얼마나 나이 많은 연장자와 함께 비행하느냐가 이동 성공에 매우 중요한 구실을 한다는 사실을 밝혔다.[12] 어린 두루미는 처음 항공기의 도움으로 이동을 한 뒤로는 다른 두루미와 섞여 자발적으로 이동을 했다. 그런데 나이 많은 두루미와 함께 비행하지 않은 한 살짜리 두루미는 평균 직선 이동경로에서 97㎞ 이탈했지만, 나이 든 두루미와 함께 갔을 때는 그 거리가 64㎞로 줄었다. 이동 수행 능력이 34%나 커진 것이다. 특히 한 살짜리 애송이끼리만 비행했을 때는 이탈이 심해 네 마리 가운데 한 마리는 150㎞ 이상 먼 거리를 헤맨 것으로 나타났다. 무리의 성공적인 이동에는 최연장자의 나이가 몇이냐가 가장 중요했는데, 최연장자의 나이가 한 살 많을수록 이탈 거리는 4.2㎞ 줄었다. 두루미는 나이를 먹을수록 사회적 학습을 통해 경관에 대한 공간적 기억을 늘려나가, 눈에 띄는 이정표와 대규모 지형에 대한 정보를 축적한다는 사실이 밝혀졌다. 또 나이 든 개체는 강풍 등 이상 기상에 대처하는 능력이 뛰어나다. 이런 능력은 다섯 살까지 계속 늘어나다가 이후엔 그

수준을 유지했다. 이번 연구에서 두루미의 이동 능력은 장기간의 사회적 학습에 좌우될 뿐 성별 등 유전적 요인의 영향을 받지 않는 것으로 나타났다. 또 무리의 크기도 이동 능력과 무관한 것으로 밝혀졌다. 많은 개체가 비행하면 더 합리적인 비행 경로를 찾을 수 있을 것 같지만 실제론 그렇지 않았던 것이다.

이 연구는 오래 사는 동물인 두루미가 장기간 지식을 축적하며 그것이 세대 간으로 전파된다는 사실, 곧 두루미에게 일종의 문화가 있음을 보여준다. 두루미에 대해 이제까지는 몰랐던 새로운 사실이 두루미의 보전에 성공적으로 이용된다는 점은 중요하다. 두루미는 멸종 위험성이 매우 높은 동물이기 때문이다. 알을 1~2개만 낳는 등 번식력이 애초에 낮은 데다 주요한 서식지인 습지가 급속히 사라지고 있는 것이 주요인이다. 게다가 아직도 파키스탄 등에서는 두루미를 잡아 식용으로 삼거나 애완용으로 기르기도 한다. 국제자연보호연맹(IUCN)이 작성한 '적색목록Red List' 최근 호를 보면, 15종의 두루미 가운데 11종이 멸종 위험을 안고 있다.[13] 가장 위험이 큰 종은 급속히 감소하고 있는 시베리아흰두루미로 전 세계에 3,500~4,000마리밖에 남아 있지 않다. 특히 중국의 삼협댐이 건설되고 양쯔강의 지류에도 댐이 잇따라 들어서면서 월동지가 사라진 것이 큰 타격을 줬다. 시베리아흰두루미는 멸종 다음으로 심각한 '위급(CR, Critically Endangered)' 단계로 등록돼 있다. 두루미는 그다음 단계인 '위기(EN, Endangered)' 종이다. 일본 쪽 두루미 개체수는 안정적이지만 동아시아 대륙 쪽에서 줄어들고 있다. 전체 개체수는 2,750마리이지만 성숙한 개체는

1,650마리에 불과하다. 이 가운데 일본에 1,200마리, 비무장지대에 1,000~1,050마리, 중국에 400~500마리가 분포한다. 흑두루미와 재두루미도 '취약(VU, Vulnerable)'한 상태다. 흑두루미는 세계에 1만1,500마리가 있지만 전반적으로 감소하고 있다. 특히 전체 개체수의 80%가 일본 이즈미에서 월동해 질병 등 돌발적인 위험에 매우 취약하다. 재두루미는 세계에 6,500마리가 있는데 서식지 파괴로 감소 추세다.

선사시대부터 인류는 두루미와 함께 살아왔다. 그런 공존은 언제까지 가능할까. 순천과 김포의 사례는 우리가 어떤 길을 걸어야 하는지를 잘 보여준다. 2009년 4월 11일 전남 순천시, 고가 사다리차에 탄 노관규 순천시장은 흰 장갑을 끼고 가지치기용 가위로 전선을 싹둑 잘라냈다. 지켜보던 시민과 관광객이 환호성을 질렀다. 이들은 힘을 합쳐 줄을 당겨 전봇대를 넘어뜨렸다. 철새 보호를 위해 전봇대를 없앤 것은 우리나라에 전기가 도입된 120여 년 만에 처음 있는 일이다. 순천시는 흑두루미 한 마리가 전깃줄에 부딪혀 날개가 골절된 채 발견되는 등 피해가 잇따르자 전봇대를 없애기로 했다. 세계적으로 전례가 없는 일이었다. 두루미는 덩치가 커 방향을 쉽게 틀지 못하는 데다 전선이 눈에 잘 보이지 않기 때문에 속이 빈 뼈로 된 다리가 골절되는 등 치명적 피해를 입는다. 순천시는 이듬해까지 순천만자연생태공원 주변 농경지 300ha에서 전신주와 통신주 등 282개를 뽑아냈다. 전봇대를 없앤 논에는 겨울에 물을 대 철새가 서식할 수 있도록 했고, 색깔이 다른 벼로 디자인 효과를 내는 경관농업을 벌이고 있다. 순천시가 처음부터 생태보전에 나선 것은 아니었다. 1990년대 중반 순천시는 순천만 갯벌과 주변 습지에서 골재를 채취하려 했다. 시민단체와 주민이 힘을 합쳐 반대운동을 펼쳤고 2003년 28㎢에 이르는 순천만 갯벌과 갈대숲 등이 습지보호구역으로 지정됐다. 이를 계기로 순천시는 개발보다 보전을 통해 이 지역을 생태관광지로 가꾸기 시작했다. 습지보전에 공을 들인 10여 년 뒤 순천은 연간 200만 명 이상의 관광객이 찾는 국내 최대 생태관광지가 됐다. 주말이면 순천 시내 식당과 숙박업소에 빈자리를 찾기 힘들어졌다. 지역 경제 효과는 연간 1,000억 원에 이른다. 습지보전지역으로 지정되기 직전인 2002년 관광객은 10만 명이었다. 습지보전은 두루미에도 희소식이었다. 이곳을 찾던 두루미는 1990년대 말까지 100마리가 안 됐지만 2015년 초 1,000마리를 돌파했다.[14] 이 가운데 대부분은 흑두루미다. 두루미 도래의 증가는 순천시의 생태보전 노력이 낳은 결과이지만 4대강사업 '덕'도 봤다. 낙동강을 파헤친 4대강사업으로 낙동강을 따라 내려가다 일본으로 향하던 흑두루미가 이동경로를 서해안과 순천만으로 돌린 것으로 조류학자들은 분석한다. 순천시의 반대편에 경기도 김포시가 있다. 화사한 외모의 재두루미는 현재 대부분 일본에서 월동하고 있지만 1970년대까지도 한강 하구에 해마다 2,000마리가 찾아와 겨울을 났다. 간척사업과 서식지 파괴로 1980년대 한강 하구의 재두루미는 일본으로 떠났다. 그러다 1992년 12월 경기도 김포시 홍도평야에서 월동하는 재두루미 7마리가 관찰됐다. 두루미가 돌아온 것이다. 시민들의 보호 노력 덕분에 그 수는 120마리까지 늘어났다. 하지만 김포시는 두루미에 관심이 없었다. 재두루미가 낱알을 찾던 논은 점점 매립돼 사라졌고 그 자리에 창고와 비닐하우스가 들어섰다. 대신 아파트 숲을 헤치고 날아오르는 재두루미의 모습을 볼 수 있는 드문 정경이 펼쳐졌다. 2013년을 고비로 이곳을 찾는 재두루미는 10마리 미만으로 떨어졌다. 재두루미는 다시 김포평야를 떠날 것으로 보인다.

두루미는 교란에 예민한 새다. 한국전쟁 이후에는 한반도에서 두루미를 볼 수 없었다. 그런 학계의 정설을 깨고 1970년대에 강원도 철원의 민통선 지역에서 100마리 이상의 두루미를 발견한 이가 세계적 두루미 전문가인 캐나다인 조지 아치볼드 박사다. 국제두루미재단의 공동 설립자이기도 한 그는 한반도의 두루미를 위한 '안변 프로젝

트'를 벌이고 있다. 1990년대 후반 북한에 심각한 기근이 들어 탈북자 행렬이 이어질 때 두루미들도 북한을 떠났다. 이른바 '탈북 두루미'다. 아치볼드 박사는 그 이유를 이렇게 설명한다.[15]

"북한의 안변은 1980년대까지만 해도 240마리 이상의 두루미가 겨울을 나던 주요 월동지였습니다. 하지만 그 뒤 북한의 식량 부족 때문에 주민들이 추수하면서 논에 떨어진 낙곡까지 모두 취하고, 그래도 남은 것들은 오리, 거위, 염소 등 여러 종류의 가축들을 풀어 모두 주워 먹도록 하는 바람에 두루미들의 먹이가 남아 있지 않게 됐습니다. 안변에서 겨울을 보내던 두루미들이 그래서 안변을 떠나 남한의 철원으로 온 것입니다."

두루미의 안전을 위협하던 전봇대를 없앤 뒤,
흑두루미가 논에 내려앉고 있다. /사진 순천시

함경남도 원산 남쪽에 있는 안변과 철원의 두루미 도래지는 직선 거리로 80㎞밖에 떨어져 있지 않다. 그는 2008년부터 안변 농민들의 유기농업을 지원해 주민 생활을 개선하고 주민들이 들판에 두루미를 위한 곡식을 남겨놓게 하려는 국제협력 사업을 벌이고 있다. 이것이 바로 '안변 프로젝트'이다. 현재는 주로 미국 쪽 기부자들에 의해 추진되고 있지만 남북 관계가 개선되면 남한의 기여가 기대되는 사업이다. 이 사업이 활성화한다면 두루미는 북한 농민을 살리고 남과 북에 평화를 가져다주는 구실을 하는 셈이다.

두루미는 오래 사는 데다 평생을 유지하는 일부일처제, 아름답고 우아한 짝짓기 춤으로 동아시아에서는 행운과 불로장수를 상징한다. 옛 사람들은 천년을 산 학은 청학이 된다고 믿었다. 그런 학이 사는 청학동을 이상향으로 그렸고 실제로 그런 곳을 찾아 떠나 마을을 만들었다. 두루미의 상징은 전통문화에만 그치지 않는다. 두루미는 대형 조류이고 습지에서 상위 포식자다. 두루미가 살려면 습지를 포함해 자연이 잘 보전돼야 한다. 자연을 망가뜨리면 사라졌던 두루미도 생태계를 잘 보전하고 가꾸면 귀신같이 알고 찾아온다. 우리는 그런 성공과 실패의 사례를 우리나라 안에서도 생생히 지켜보았다. 그렇다면 두루미는 생태계의 온전함과 회복력을 가리키는 지표가 된다. 지속가능한 개발과 평화를 이룩한다면 하늘에서 트럼펫 소리를 내며 두루미가 한반도 곳곳으로 돌아올 것이다.

주

1. 이도원 외. 2012. 『전통생태와 풍수지리』. 서울: 지오북.

2. 최원석. 2009. "한국 이상향의 성격과 공간적 특징". 대한지리학회지 제44권 제6호. 745-760쪽.

3. David H. Ellis et. al. (Eds) 1996. Cranes: Their Biology, Husbandry, and Conservation. the Department of the Interior, National Biological Service, Washington, DC, and the International Crane Foundation, Baraboo, WI. (http://www.pwrc.usgs.gov/resshow/gee/cranbook/cranebook.htm)

4. Meine, Curt D. and Archibald, George W. (Eds) 1996. The Cranes: Status Survey and Conservation Action Plan. IUCN, Gland, Switzerland, and Cambridge, U.K. (https://portals.iucn.org/library/efiles/documents/1996-022.pdf)

5. 피터 매티슨 지음 오성환 옮김. 2005. 『천상의 새: 두루미』. 서울: 까치글방

6. Vladimir Dinets, "Crane dances as play behaviour", Ibis (2013), 155, 424 – 425.

7. Gerald Mayr, "A chicken-sized crane precursor from the early Oligocene of France", Naturwissenschaften (2005) 92: 389 – 393. DOI 10.1007/s00114-005-0007-8

8. 배성환. 2000. 『두루미』. 서울: 다른세상.

9. 피터 매티슨. 위의 책. 82쪽 재인용.

10. Rob G. Bijlsma, Migration of Raptors and Demoiselle Cranes Over Central Nepal, Birds of Prey Bulletin No 4: (1991).

11. C. M. Bishop et. al., The roller coaster flight strategy of bar-headed geese conserves energy during Himalayan migrations, Science, 16 January 2015, Vol 347 Issue 6219. http://www.sciencemag.org/lookup/doi/10.1126/science.1258732

12. Thomas Mueller, Social Learning of Migratory Performance. Science 30 August 2013: Vol. 341 no. 6149 pp. 999-1002, DOI: 10.1126/science.1237139

13. http://www.iucnredlist.org/search

14. http://ecotopia.hani.co.kr/248172

15. http://ecotopia.hani.co.kr/178723

세르게이 스미렌스키

Sergei Smirenski

러시아 무라비오카 국립공원 의장

모스크바대학교 박사

국제두루미재단 프로그램 어시스턴트

마법의 새, 두루미

러시아 무라비오카 국립공원 의장 **세르게이 스미렌스키**

* 드미트리 스미렌스키(Dmitri Smirenski)가 러시아어 원문을 영어로,
심숙경 박사(이클레이ICLEI 한국사무소)가 영문을 국문으로 번역했다.

어떤 새에게나 쫓아다니는 팬들이 있다. 하지만 어떤 사람들의 마음 속에는 아직 실제로는 한 번도 보지 못한 새를 위한 자리가 마련되어 있다. 그런 마음속 새들은 놀라운 마법을 부린다. 사람들이 다른 사람과 자연을 사랑으로 보살피고, 훌륭한 행동을 하도록 이끄는 것이다. 원래 그럴 줄 몰랐던 이들조차도 말이다.

러시아에서, 어린이들은 아주 어렸을 적부터 우화와 동화를 통해서 두루미와 친숙해진다. 수많은 시, 노래, 소설, 그림, 조각품을 통해 우리는 이 장엄한 새, 이들의 독특한 울음소리, 춤, 부부 사이의 변치 않는 애정, 고향에 대한 애착을 배운다. 이런 것들을 보고 자라면 이 새가 아주 특별하고 고결한 새라는 인상을 갖게 된다. 카렐리야에서 발견된 고대의 암각화에 두루미의 모습이 새겨져 있는 것도 놀랄 일이 아니다. 사실 내가 처음으로 살아 있는 두루미를 만난 것은 모스크바 동물원에서였는데, 아주 실망스러웠던 기억이 난다. 비참해 보이고 바싹 마른 검은목두루미가 좁디좁은 우리 안에서 앞으로 뒤로 재빠르게 왔다 갔다 하고 있었다. 동물원을 찾은 사람들은

▲ 재두루미 한 쌍의 마주울기 /S. Smirenski
▼ 러시아 북부 카렐리야에서 발견된 암각화에 새겨진 두루미 /N. Zaretskaya

긴 목과 가냘픈 다리를 가진 이 수줍은 새를 무시하다시피 하면서 작은 우리 앞을 빠르게 지나갔고, 두루미는 방문객들의 호기심 어린 눈에서 벗어나려 애쓰고 있었다.

놀라운 깨달음

고등학교를 졸업하고, 나는 모스크바 국립대학교의 토양학자들로 이루어진 조사단에 합류해 조지아공화국으로 탐사여행을 떠났다. 며칠간 트럭을 타고 러시아 남부와 우크라이나의 스텝과 비옥한 농경지를 지난 후에야, 날이 저물 무렵 마침내 캅카스 산맥에 다다랐다. 우리는 꼬불꼬불한 산악도로의 굽이마다 달라지는 경이로운 풍광에 흥분한 나머지 태양이 산 능선 뒤로 사라지는 순간을 놓치고 말았다. 어스레한 하늘을 머리에 이고, 산골짜기를 품은 구부정한 내리막길이 어둠 속에서 수 분간 이어졌다. 우리는 가장 가까운 마을까지 얼마나 걸릴지도 몰랐고, 차 한 대가 겨우 지나갈 정도로 좁고 어둡고 구불구불한 길을 따라 계속 산을 오르기도 위험했다. 우리는 길이 굽어지는 곳에 난 샛길에 멈춰 섰다. 모두 엄청 피곤했기 때문에 저녁 식사는 건너뛰고 트럭에 있는 침낭 속으로 기어들어갔다.

한밤중, 허공에서 들려오는 커다란 울음소리에 우리는 잠에서 깨어났다. 우리의 '트럭 침대'를 덮고 있던 캔버스 천을 젖히자 밝고 무수한 별들이 가득한 끝없는 하늘이 눈에 들어왔다. 커다란 달 때문에 주변의 드넓은 하늘이 더 새까매 보였지만, 그 빛이 우리 주변을 비추고 있었다. 길, 산, 깊은 골짜기 밑바닥을 내달리는 강물의 흰 포말. 그리고 마침내 우리는 둥근 보름달을 가로지르는 두루미 떼의 실루엣을 발견했다.

　토양학자들은 보통 아래를 내려다보며 일을 하곤 하지만, 그때만은 교수, 운전사, 미얀마에서 온 대학원생을 포함한 우리 여섯 사람 모두가 눈과 귀를 하늘로 쳐들었다. 두루미들은 광활한 산속에서 길을 잃지 않도록 서로를 끊임없이 부르면서 아프리카의 월동지로 날아가고 있었다. 그 활기찬 소리들이 오랫동안 잊고 있던 어린 시절의 이미지와 추억을 불러일으켰다. 그날 밤의 감동은 50년 전 그랬던 것처럼 오늘도 생생하고 강렬하다.

　아침에 낯선 양치기가 우리를 깨웠다. 그는 왜 더 안전한 곳에서 야영하지 않았느냐고 물었다. 그가 가리키는 쪽을 보니, 우리 트럭의 앞바퀴는 계곡의 가장자리에서 고작 몇 십 센티미터 떨어져 있었다!

두루미 죽이기?

극동 러시아는 자연을 연구하는 학자들에게는 대대로 지상낙원으로 알려진 곳이다. 1970년, 대학생이었던 나는 류릭 보엠(Ryurik Boehme) 교수님 팀에 합류하게 되어 우쭐했다. 보엠 교수는 아무르 지역 현장 연구결과를 담은 『소련의 새들Birds of the USSR』이라는 러시아 최초의 그림 도감을 비롯해 많은 책을 저술한 분이다. 내 가까운 친구인 새 사육사 발레리 루드니츠키(Valery Rudnitsky)도 동행했다. 그 탐사여행의 목적은 모스크바 국립대학교의 동물학 박물관에 소장할 희귀하고 덜 알려진 새들의 견본을 수집하는 것이었다. 동시베리아 여러 곳에 분포하는 흑두루미는 쉽게 볼 수 없을 뿐더러 조사된 것도 별로 없었다. 그래서 이들의 생리를 이해하고 번식지를 파악하기가 어려웠기에 흑두루미가 우리의 일 순위 수집 대상이었다. 당시에는 소련의 멸종위기종을 망라한 '적색목록' 같은 것이 없었기에, 아무도 야생의 희귀 동식물들에 무슨 일이 일어나고 있는지 정확히 알지 못했다. 그래서 학술적 목적의 수집을 위해서라면 새 사격 허가를 받기도 쉬웠다.

한 번도 흑두루미가 목격된 적이 없는 아무르 체야(Amur-Zeya) 평원에서 그들은 만난다는 것은 기적이나 다름없겠지만, 우리는 예상치 못한 만남을 기대하며 엽총을 장전했다. 그러던 어느 날, 기적이 진짜로 일어나고야 말았다! 날이 저물 무렵 우리는 타이가 숲을 떠났다. 그리고 마을로 향하는 길에, 저 멀리서 우리를 향해, 불과 20m 앞에서 날아오는 새가 보였다. 흑두루미였다! 우리는 들판 한가운데에 얼어붙은 듯 멈춰 섰지만, 그 흑두루미는 방향을 바꿀 생각이 없어 보였다. 흑두루미가 우리 머리 바로 위를 지날 때, 쉬익 하는 날갯짓 소리가 들렸다. 그는 우리를 좀 더 잘 관찰하려는 듯 고개를 살짝 곤추세웠다. 그 눈에 두려움은 보이지 않았다.

우리 중 누구도 손끝 하나 움직이지 않았다. 흑두루미가 타이가 숲을 이루는 나무들 너머로 사라졌을 때에야 누군가 숨을 깊이 들이쉬고는, 마치 박물관의 청문회장에서 우리의 행동을 정당화하려는 양 "다음에 이 새를 보면 꼭 총을 쏘는 겁니다." 하고 말했다. 불행히도, 그 여름에 본 흑두루미는 그게 다였다. 하지만 다른 흑두루미를 만났다 해도 우리는 이 환상적인 새나 다른 두루미를 총으로 쏜다는 것은 생각할 수도 없는 일임을 잘 알고 있었다. 지금 그때를 되돌아보니, 새를 연구하는 과학자에서 두루미 보전 활동가가 되는 기나긴 여정이 바로 그날 시작되었음을 알겠다.

'두루미'가 부리는 마법!

두루미를 보거나 두루미 울음소리를 들으면, 많은 이들이 특별한 감동을 경험하고 굉장한 일을 해낼 수 있게 된다. '두루미'라는 단어 자체에 기적적인 힘이 깃들어 있어서 전혀 다른 사람들에게 깊은 반향을 일으키고, 다루기 어려운 듯했던 문제를 해결하는 데 도움을 주는 것이다.

1970년대 중반에 러시아의 두루미 개체수를 조사한 자료는 매우 부정확하다. 아무르와 하바롭스크 지역에서 두루미와 재두루미, 프리모르스키 지역에서 흑두루미가 번식하고 있다는 소식은 열광적인 반응을 일으켰다. 하지만 불행히도, 흥분은 곧 걱정으로 바뀌었다. 새로 발견된 두루미 서식지인 습지들은 곧 배수 공사나 개발이 예정된 곳들이었다.

그래서 우리는 아직 개발되지 않은 곳 중에서 번식지일 것으로 추정되는 곳을 찾아다녔다. 하지만 두루미들을 숨겨줄 만한 습지는 한여름이 되면 말 그대로 통행 불가능한 곳이 되었고, 수만 헥타르에 달하는 습지에는 가로지를 도로도 없었다. 고가의 항공 측량기로만 탐사가 가능했지만 우리에겐 그럴 예산이 없었다. 국가 사냥동물 관리국이 사슴, 무스, 늑대 개체수를 파악하기 위해 수행하는 항공 탐사가 있으면 기꺼이 따라다녔을 테지만, 이런 탐사는 겨울에만 진행되었다. 그럼에도 불구하고 어쨌든 국장을 만나 부탁하는 것 외에 별다른 방도가 없었다. 국장은 우리가 두루미를 찾으려 한다는 것을 알자마자, 즉시 우리에게 헬리콥터 한 대를 마련해주겠다고 했다. 그러면서 타자기로 친 공식 요청서도 요구했다. 관리국에 딱 한 대 있는 타자기를 쓸 줄 아는 타자수는 하필 자리에 없었다. 하지만 회의실에서 우리의 두루미 얘기를 들은 타자수는 점심 식사를 거르고 제안서를 타자해주었다.

무료로 얻은 헬리콥터 덕분에, 우리는 새로운 번식지를 발견하고는 멸종위기종 두루미와 황새들의 다리에 색색의 식별용 띠를 두르는 작업을 시작할 수 있었다. 그중 노르스키와 볼론스키 두 곳이 국가자연보호구로 지정되었다.

부레야(Bureya)강에 건설 예정인 수력발전용 댐이 끼칠 부정적인 영향을 보완하기 위해 소련학술원 동물연구소는 부레야강과 아하라(Arkhara)강 사이를 국가자연보호구로 지정하자고 제안했다. 하지만 아무르 지역 정부는 협동농장이나 국영농장 등, 토지를 이용하는 이들의 권리를 무시할 수 없다며 이 사업 제안에 대한 논의를 거부했다. 〈동물의 세계에서(In the World of Animals)〉라는 인기 텔레비전 프로그램에 출연해 전국적으로 이름을 알린 동물학자 블라디미르 플린트(Vladimir Flint) 교수가 아무르 지역의 고위 관료들과 만나는 자리에서 두루미 서식지 보호 필요성을 역설해 이 사업을 부활시켰다. 그 자리에 있던 관료들은 새로운 보호지역이 어디부터 어디까지가 될지를 정했고, 이 습지들은 신속하게 힝간스키(Khingansky) 국립자연보호구로 지정되었다.

소련에서 자연보호구를 지정하는 데는 몇 년, 어떨 때는 몇 십 년이 걸리곤 했다. 국가기관은 이런 일들에 관여하지 않으려 했고 일반 시민의 제안, 특히 청년층의 활동에 별로 주목하지 않았다. 하지만 모스크바 국립대학교 학생들의 청원으로 모스크바 근처에 '두루미의 고향(Crane Motherland)'이라는 자연보호구가 몇 달 만에 지정된 까닭은 두루미의 특별한 매력 덕분이 아니라면 설명하기 어렵다. 가을이면 수천 마리의 검은목두루미들이 모여들어, 이곳은 모스크바 전 지역에서 가장 인기 있는 생태 관광지가 되었다.

어느 날 낯선 이로부터 뜻밖의 전화를 받았다. 모스크바의 한 공장에 포획된 새들이 있는데 그중에 두루미가 있다는 것이다. 나는 공장에 전화를 걸어 거기 있는 두루미들을 보고 싶다고 했다. 전화를 받은 비서는 깜짝 놀랐으나 나중에 나에게 다시 전화를 걸어 방문하라고 했다. 다음 날 아침 공장 입구에 도착해보니 러시아 여러 지역에서 온 수십 명의 사람들이 있었다. 그중 많은 이들은 그 공장에서만 제조되는 어떤 기기를 주문하기 위해 공장장을 며칠 동안 기다리고 있었다. 어쨌든 나는 기회를 얻어 비서에게 전화를 했고 얼마 안 있어 공장장 사무실로 안내받았다. 나는 응접실에서 방금 전 이 공장과 수백만 달러짜리 계약을 한 일본인 방문객들과 마주쳤다.

나는 공장장에게 두루미와 오카(Oka) 보호구에 새로 들어선 두루미 번식센터 이야기를 했다. 나이 지긋한 공장장은 내 이야기를 끝까지 듣더니 내가 말을 마치자 비서에게 지시를 내렸다. 다음 날 저녁, 쇠재두루미 세 마리가 랴잔(Ryazan)에 있는 오카 보호구 두루미 번식센터에 도착했다.

'시베리아흰두루미' 작전

냉전이 한창이었다. 긴장이 고조되고 '적'에 대한 두려움과 증오가 확산되었고 무기 경쟁이 가열되었으며 이전의 소련과 미국 간 경제적·문화적 유대는 급속히 무너지고 있었다. 이때 론 소이(Ron Sauey)와 조지 아치볼드(George Archibald), 코넬 대학교를 졸업하고 국제두루미재단(International Crane Foundation, ICF)을 공동 설립한 이 두 사람은 심각한 멸종 위기에 처한 'Sterkh', 즉 시베리아흰두루미를 보호하는 데 두 정부가 협력하자고 제안했다. 처음에는 세상살이와 국제관계에 경험이 없는 순진한 두 청년의 무모한 아이디어로 보였다. 하지만 놀랍게도 소련과 미국 정부는 이에 많은 관심을 보이면서 지체하지 않고 '시베리아흰두루미' 프로젝트에 협력했다. 이후에 두 국가의 관계는 끊임없이 변했으나 이 사업을 위한 협력만은 더욱 공고해졌다. 이 사업 덕분에 양측 모두 두루미의 운명이 그들의 어떤 불만보다 더 중대하다는 것을 깨달았다. 양국은 두려움과 상호위협 같은 것들은 제쳐놓고 함께 해결책을 찾을 수 있게 되었다.

소련 두루미 실무위원회

1979년이었다. 소련 전역에서 두루미 개체수는 점점 줄어들고 있었으며 어떤 종은 심각한 수준에 다다르고 있었다. 하지만 국가기관에서는 오로지 시베리아흰두루미에만 집중하려 했고, 위협받는 두루미나 멸종위기 재두루미 같은 다른 종을 돕는 것은 불가능하다고 여겼다. 나는 막다른 곳에 이른 듯했다. 하지만 위스콘신에 있는 국제두루미재단의 조지 아치볼드 그리고 론 소이와 주고받은 서신들과 재단의 계간 소식지(*the Bugle*)를 통해 국제두루미재단 활동의 원칙과 성과에 대해 알게 되었다. 매우 단순하고 이해하기 쉬워서, 나와 내 아내 엘레나, 우리 친구인 세르게이 윈터(Sergei Winter)는 미국과 소련 사이의 문화적·정치적 차이에 대해 크게 염려하지 않고 이 거대한 나라 전역에서 두루미 연구와 보호에 열정을 가진 모든 이들의 노력을 결집하기로 결심했다. 우리는 그러한 사람들을 잘 알고 있었으나, 당시에는 정부의 승인과 재정 지원 없이 회의를 조직한다는 것이 불가능해 보였다.

우리는 대학교, 자연보호구, 환경 관련 기관, 러시아조류학회 회원 등을 접촉했다. 거의 전부가 이 사업 참여에 열의를 보였다. 그 무렵, 다수의 과학자 집단이 모스크바에서 자연보전 관련 전국회의를 개최할 예정이었다. 그들은 우리 사업 계획에 대해 듣더니, 회의 프로그램에 우리를 포함시켜달라고 농업성의 조직위원들에게 청했다. 놀랍게도 농업성은 하루를 우리에게 할애하도록 허락했고 조직위원들과 관료들 모두가 모스크바 대학교 생물학과로 우리를 만나러 왔다. 먼 곳에 있는 많은 두루미 애호가들이 자비를 들여 참가했고 어떤 사람들은 7~10시간 시차가 나는 곳에서부터 모스크바로 날아왔다. 토론은 생산적이었고, 그날 회의는 소련 최초의 두루미 실무위원회(Crane Working Group)의 탄생으로 마무리되었다.

그 후로 십여 년에 걸쳐 두루미 실무위는 발트해, 중앙아시아, 아무르 지역을 포함해 대륙의 끝에서 끝에 걸친 여러 지역에서 국내 및 국제회의를 일곱 차례나 개최할 수 있었다. 러시아와 소련에서 그동안 이루어진 두루미 연구 결과보다 더 많은 정보가 담긴 일곱 종의 학술논문집도 발간했다. 또한 일반인들이 두루미에 관심을 갖도록 했고 이들은 이후에 두루미 연구와 보전에 적극 참여했다. 이런 사람들은 여러 나라에서 온 두루미 연구자들과 함께 현장연구에 참여했고 두루미를 위한 새 보호지역을 설립하는 데 도움을 주었다. 1991년 소련이 붕괴하면서 두루미 실무위도 한동안 활동을 중단했으나, 어느 한 나라 혼자서 두루미를 구할 수 없다는 것을 명백히 인식한 엘레나 일리아셴코(Elena Ilyashenko)를 필두로 2000년에 실무위가 확대되며 부활했다. 구소련 공화국 정부들 간 관계는 냉엄하고 적대적이었음에도 불구하고 그런 열정으로 인해 모든 구소련 공화국 두루미 애호가들의 노력이 하나로 결집될 수 있었다.

중국 동료들을 끌어들이다

아무르강 유역의 번식지와 그곳을 찾는 새들을 정확히 조사하고 조직적으로 보전하려면, 강 유역을 공유하고 철새 떼가 들르는 나라들이 함께 협조해야 한다. 그러나 그런 협력을 논의하는 회의에 소련과 중국의 관료들을 불러 모으기는 불가능했다. 1960년대부터 지속되어 온 두 나라 간의 정치적 긴장과 국경 분쟁 탓이었다. 오직 두루미들만이 협력의 문을 열 수 있었다. 1990년, 국제두루미재단은 소련 두루미 실무위 회원들과 중국의 두루미 전문가들을 미국 위스콘신 주의 바라부로 초대했다. 이 자리에 참석한 두 나라의 비공식 대표들은 양해각서에 서명했고, 얼마 안 있어 두 나라 정부가 이를 승인했다. 그 결과, 50년간 지지부진했던 한카호수(중국에서는 싱카이호수라고 한다) 근방이 6개월도 안 되어 자연보호구로 지정되었다. 소련과 중국이 국경 지대에서 공동으로 벌인 최초의 사업이었다. 이후로는 자연보전에 힘쓰는 학자, 비정부기구, 정부기관 간의 협력이 다양한 형태

러시아·중국·미국에서 온 사람들이 1990년 국제두루미재단에서 만났다. /D. Thompson

로 이루어져 2013년에는 러시아와 중국이 철새보호협정에 서명하기에 이르렀다.

　바라부 회의의 성공에 고무된 우리는 아무르강 유역의 두루미와 황새에 관한 워크숍을 개최하고 싶다는 생각을 하게 되었다. 세계 곳곳의 전문가들을 초청하여 러시아와 중국 국경을 따라 배를 타고 여행하는 동안 토론회를 여는 것이 우리의 계획이었다. 아무르강의 아름다움을 눈앞에서 보고, 새들의 서식지에 당장 닥친 위협과 미래에 닥칠 위협을 고찰하고, 지역민들, 또 정부 관료들과 아무르강의 동식물상에 대한 감탄과 우려를 나누기 위해서였다. 우리의 계획은 엄청나게 매력적이었지만 엄청나게 비현실적이기도 했다. 아무르강은 국경을 따라 흐른다. 수십 년간 러시아 사람들조차 철조망을 넘어 강에 접근할 수 없었다. 낚시나 수영을 하는 것도 물론 허용되지 않았다. 외국인의 접근은 더 엄격히 금지되었다.

　1992년, 국제두루미재단의 도움으로 여러 국제단체에서 상당한 액수의 재정 지원을 받은 우리는 커다란 기선 한 척을 빌리고, 세계 도처에서 날아올 여러 두루미 전문가들의 경비를 댈 수 있었다. 순전히 두루미에 대한 관심으로 온 참가자들 중에는 미국의 인기 작가인 피터 매티슨이나 번쩍거리는 잡지와 주요 언론의 기자들(〈시에라Sierra〉의 캐서린 코필드, 〈아웃사이드Outside〉의 존 브랜트, 〈크리스천 사이언스 모니터Christian Science Monitor〉의 대니얼 스나이더)도 있었다. 피터 매티슨은 이 워크숍에 다녀간 후에 두루미와 두루미를 보호하는 데 인생을 바치는 사람들에 대해 쓴 새 책, 『천상의 새: 두루미The Birds of Heaven』를 내놓았다. 또 이 자리에 다녀간 언론인들은 기사를 통해 전 세계 수 많은 대중이 아무르강의 두루미를 비롯한 소중한 존재들과 그들이 처한 위기에 관심을 가지도록 만들었다. 하바롭스크 시의 호텔에 모인 우리는 워크숍 프로그램과 일정에 대해 논의했지만, 보트를 언제 출발시킬지에 대한 논의는 하지 못했다. 국경수비국은 러시아와 중국 사이를 흐르는 아무르강에 배를 띄운다는 데 단호히 반대했고, 우리 가 왜 두 나라 사이에 있는 수로 한가운데에 가야 하는지 논의하는 데는 관심이 없었다. 하지만 이 여행의 목적이 두루미(마법의 새!)의 미래를 보장하기 위한 것임을 알자마자 그들의 태도는 완전히 바뀌어 출항을 허가해주었다.

워크숍 이후, 중요한 두루미 서식지 세 곳을 포함한 습지 네 곳이

◀ '아무르강의 두루미와 황새' 워 크숍(1992년 7월). 유럽, 아시아, 북미에서 온 사람들이 러시아 와 중국 국경을 흐르는 아무르 강 한가운데 띄운 배의 갑판에 모여 기념촬영을 했다. /T. Crosby

람사르협약 보호지역 목록에 추가되었다. 또한 아무르강 유역에서 두루미 연구와 보전 활동이 진행되고, 여러 국가 및 국제 사업도 시작하게 되어 2013년에 러시아-중국 철새보호협정이 체결되는 데 힘을 보탰다. 우리의 회의가 끝난 다음 날, 아무르강은 다시 접근 금지 구역이 되었다. 이후에 몇몇 힘 있는 기관들이 아무르강에서 유사한 회의를 조직해보려 했으나 실패했다. 크게 놀랄 일은 아니다. 그들의 목적은 두루미가 아니었으니까!

무라비오카 국립공원의 탄생

1980년대 중반에 시작된 '페레스트로이카(자유시장 경제체제로의 개혁)' 동안, 시민들은 1917년 혁명 이래 처음으로 토지재산권을 획득했다. 단기간에 이익을 극대화하려는 열망이 커지고 환경법 집행이 약화되면서 야생동식물에 미치는 해로운 영향도 점점 늘어났다. 재정위기 탓에 기존에 국가가 운영하던 자연보호구들에 대한 지원이 끊기기 직전이었고, 새로운 보호지역 설립은 무기한 중단되었다. 개발위협에 시달리는 아무르강 유역에서 두루미, 재두루미, 흑두루미, 여타 새들의 중요 번식지와 휴식지를 찾아내고, 국가가 관리하는 기존의 자연보호구를 설립하는 방식으로는 새들을 보호할 수 없다는 것을 인식한 우리는 조금 다르게 접근하기로 결정했다. 우리는 러시아최대의 비정부기구인 사회생태연합(Socio-ecological Union)을 대표하여 약 5,000ha 넓이의 습지를 임대하려고 지역 당국에 신청했다. 공무원들은 우리가 그렇게 넓은 습지를 임대하려고 하는 데에 처음에는 놀

두루미들의 집이 된 습지 (무라비오카 국립공원) /S. Smirenski

지역 사람들이 무라비오카 국립공원 개장을 기념해 모였다. /J.Harris

◀ 황새 /V. Dugintcov
▶ 무라비오카 국립공원은 아무르 지역에서 유일하게 닭의난초(*Epipactis thunbergii*)가 자라는 곳이다. /I. Kozir

▲ 무라비오카 국립공원 /S. Smirenski

랐다. 하지만 두루미 서식지를 보호하기 위한 것이라고 하자, 공무원들은 '예스'라고 승낙해주었다. 그 후 20년 동안, 무라비오카공원을 만들고 유지하기 위해 우리는 일본의 팝그룹(Pop Group) 사, 여타 많은 기관과 개인들로부터 재정 지원을 받았다. 이 공원에는 600종이 넘는 식물들이 자라고, 황새, 두루미 여섯 종, 다른 멸종위기종이나 위기에 직면한 종들을 포함해 300종이 넘는 새들이 번식하고, 휴식하고, 월동한다.

전쟁과 평화

1995년, 아무르 지역에서 천 명이 넘는 학생들이 우리가 주최한 첫 번째 예술대전인 '두루미—평화의 새'와 두 개의 '두루미 축제'에 참가했다. 아무르 지역의 예술대전과 이어진 전시회는 큰 성공을 거두었다. 이후에 우리는 한국에 초청받았다. 한국과 러시아 정부 사이가 냉담하고, 서로에 대해 잘 모르는데도 불구하고 말이다. 아무르 사람들의 예술작품이 서울의 전쟁박물관에 전시될 것이라고는 꿈에도 생각지 못했다! 오직 두루미들만이 실현할 수 있는 일이다.

이 예술대전은 곧 국제적인 행사가 되었다. 두루미라는 특별한 새 덕분에, 미국이나 쿠바와 같이 외교 관계가 전혀 없는 나라와도 예술작품을 통해 교류하거나 두루미 축제에 참여하고 두루미 공동연구를 수행하기 시작했다.

두루미 덕분에 나는 남한과 북한 사이에 있는 비무장지대처럼 멋진 곳을 방문할 기회를 많이 얻었다. 탱크, 군인들, 지뢰 주의 표지판

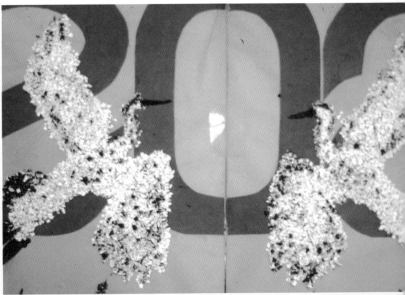

2001년에 열린 어린이예술대전 '두루미-평화의 새' 출품작과 두루미 축제의 모습 /S. Smiarenski

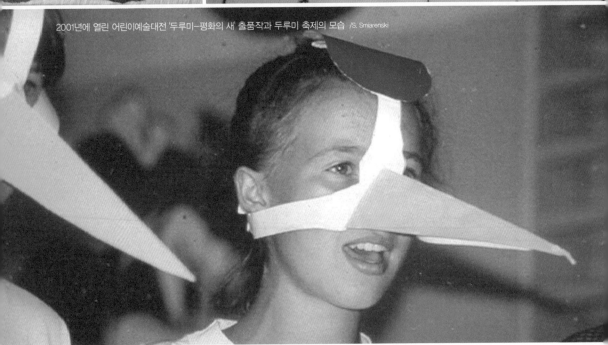

을 보자 둘로 갈라진 나라 사이에 있는 땅 한 조각이 평화, 지역 농민, 또 우리의 새들에게 얼마나 중요하고 민감한 곳인지 즉각 느낄 수 있었다. 동시베리아에서 날아온 수백 마리의 두루미와 수천 마리의 기러기들에게는 이곳이 안전하게 겨울을 날 수 있는 유일한 장소다. 비무장지대에 산업공단과 아파트를 세우려는 계획은 철새들에게 가장 심각한 위협이다. 다행히도 전 세계의 많은 사람들, 특히 가장 중요한 역할을 할 수 있는 한국인들이 이러한 위협에 대해 점점 더 우려를 표하고 있다.

두루미를 사랑하는 농민들

아무리 바쁘고 어깨에 짊어진 짐이 많더라도, 두루미들을 위해서라면 언제든 나설 준비가 된 각계각층의 사람들이 있다. 1966~1977년과 1980~1984년에 인도의 수상이었던 인디라 간디는 인도에 들른 시베리아흰두루미의 개체수를 개인적으로 챙기는 사람이었다. 국제두루미재단의 공동 설립자인 조지 아치볼드가 인도에 들른 후에는, 케올라디오(Keoladeo) 국립공원을 설립해 두루미들의 월동지를 보전하도록 했다. 러시아의 대통령인 블라디미르 푸틴은, 서부 지역에서 줄어든 시베리아흰두루미 개체수를 다시 늘리기 위한 '희망의 비행' 프로젝트를 지원했다. 심지어 서시베리아에서 띄운 초경량 비행기를 앞세워 사람의 손에서 자란 시베리아흰두루미 떼를 20㎞ 거리의 하늘길 너머로 인도했다. 한국의 순천 시장과 일본 이즈미 시의 부시장은 중국 두루미 보호구역의 이사, 무라비오카 국립공원의 대표와 함께

▶ 군남댐이 두루미에 미친 영향
  에 대한 설명을 듣고 있다.
  (2014년 11월) /S. Smirenski

▶ 철원 두루미학교의 탐조활동
  (2014년 11월) /S. Smirenski

두루미 보전에 힘을 합치자는 내용의 양해각서에 서명했다. 그런데 두루미 보전에 힘쓰는 것은 이들만이 아니다. 농민들도 한몫을 하고 있다!

농사란 매우 불안정한 생계수단이다. 수입이 투자한 비용을 간신히 메꿀 정도이기에, 들판에 먹이를 찾아 날아드는 수천 마리의 새들은 가계에 추가적인 부담이 된다. 그러니 농민들이 자기 소유의 농

지에서 새들을 내쫓으려 한다는 게 놀랄 일은 아니다. 반면, 놀랍게
도 두루미를 잃지 않기 위해 이익의 일부를 기꺼이 포기하려는 농민
들이 점점 늘어나고 있다. 이 중에는 특히 유기농법으로 농사를 짓
는 이들이 많다. 이들 유기농민은 건강하고 맛좋은 농산물을 생산하
는 것뿐 아니라 한국 사람들과 세계의 다른 사람들이 자연과 더 가
까워질 수 있는 기회를 위해 애쓰고 있다. 비무장지대 인근의 농민들
은, 두루미 사진을 찍고, 월동하는 새들을 모니터하고, 두루미를 위

해 홍보나 로비를 하고, 아이들을 위한 '두루미학교'를 열기 위해 자기 호주머니를 턴다. 아무르 지역 학생들은 이 학교를 방문해보고서야 이 소중한 새들이 가지는 의미, 새들의 번식지로서 아무르강 유역의 가치, 공동 보전 활동의 시급함에 대해 이해했다. 한국 팀이 무라비오카공원에서 선보였던 학춤은 아무르 사람들의 영혼을 어루만지고 눈을 열어주었다.

마법의 새

두루미를 가까이한 모든 사람들은 풀 수 없는 문제들을 두루미가 어떻게 해결하도록 도와주었는지에 대한 이야기를 하나씩 늘어놓을 수 있을 것이다. 두루미의 존재는 반대하던 사람들을 협력 사업에 끌어들였고, 결과적으로 지역 내의 다른 동식물 종들에게 큰 혜택을 주었으며 그들과 만나는 사람들의 생활을 풍부하게 했다. 우리는 이 마법의 새들이 받고 있는 위협을 없애거나, 적어도 줄이기 위해서 계속 힘써야 한다. 우리 모두가 함께 말이다.

참고문헌

Brant, John. "The World at World's End". Outside Magazine. 1992. Pp. 54-62, 128-135.

Caufield, Catherine. "Upstream Slowly". Sierra Magazine, May-June, 1993. Pp: 74-81, 86-87.

Matthiessen, Peter. "The Last Cranes of Siberia". The New Yorker Magazine. 1993. May 3. P. 76-86.

Matthiessen, Peter. *The Birds of Heaven*. 2001. 349pp. (New York: North Point Press). 『천상의 새: 두루미』. 피터 매티슨 지음, 오성환 옮김, 까치, 2005.

Sneider, Daniel. "Along A Remote Ribbon Where Countries Meet". Christian Science Monitor. August 24, 1992.

조지 아치볼드
George Archibald

국제두루미재단 공동 설립자 & 이사장

1970년대부터 한반도 비무장지대와 민통선 지역을 드나들며 두루미와 따오기를 보호하는 활동을 해왔다.

한국 두루미와의 추억

_비무장지대에서 보낸 겨울

국제두루미재단 공동 설립자 **조지 아치볼드**

* 번역: 신주운(환경운동연합 중앙사무처 에너지기후팀)

1971년 12월, 론 소이(Ron Sauey)와 처음 만났을 때 우리 둘은 코넬대학교 대학원생이었다. 박사논문 주제로 두루미를 연구하는 과정에서 우리는 두루미가 전 세계적으로 멸종 위기에 놓인 동물이란 걸 알게 되었다. 결국 우리 두 사람은 1973년에 론의 부모님이 경영하던 작은 농장에서 국제두루미재단(International Crane Foundation, ICF)을 공동으로 설립했다. 이후에는 이 재단을 전 세계 두루미 보전을 위한 비영리기구로 운영하고 있다.

1972년, 일본 북부에서 두루미를 연구하던 나는 동북아시아에 서식하는 두루미에 관심을 가지게 되었다. 그 다음 해, 국제두루미재단은 뉴욕동물원협회로부터 받은 보조금으로 한국 비무장지대와 그 부근의 두루미들을 연구하는 이화여자대학교 김헌규 박사를 지원했다.

김 박사는 가을이 되면 서울 북쪽에 위치한 한강 하구 갯벌에 수백 마리의 재두루미가 날아들고, 비무장지대 남쪽 판문점 공동경비구역 주변의 수확이 끝난 논과 온천에도 두루미 몇 가족이 찾아온다는 사실을 우리에게 알리면서 감격해했다.

1974년, 나는 한국에서 11월과 12월을 보내며 김 박사가 알아낸 곳에서 두루미를 연구했다. 처음에는 한강 하구 동쪽에 위치한 파주 문발리 한국군 초소에서 머물렀다. 군인 열넷과 좁은 공간에서 쌀밥과 절인 생선으로 끼니를 때우며 지낸 두 달의 경험은 매우 흥미로웠다.

11월 초, 수백 마리의 재두루미가 갯벌에 나타났다. 그달 중순 어느 날의 이른 아침에는 1,000마리가 넘는 두루미가 북쪽으로부터 날아오는 것을 보았다. 보아하니 이 두루미들은 대부분 계속 남쪽으로 이동하는 듯했다. 12월에 한강 하구를 다시 찾았을 때는 두루미가 거의 남아 있지 않았기 때문이다. 김 박사와 나는 두루미와 야생 거위, 물떼새, 맹금류를 포함한 여러 새들을 위해서 한강 하구를 보호해야 한다고 문화공보부(지금의 문화관광부)에 제안했다. 한강 하구 양쪽에 있는 갯벌은 보호 지역으로 지정되었다. 하지만 고속도로가

◀ 한강이 서쪽으로 열리는, 비무장 지대의 한강 하구 /국제두루미재단

일본 홋카이도 눈밭의 두루미들 /Pichit Tongma

▲ 재두루미 /국제두루미재단

건설되면서 동쪽 갯벌의 대부분이 결국 파괴되었다.

　12월에는 공동경비구역에 있는 미군 기지로 옮겨 장교 숙소에서 편안하게 머물렀다. 매일 아침 경호원과 나는 판문점을 향해 나 있는 남문을 통과하여 대성동 마을로 향했다. 우리는 그곳에서 논밭을 배회하며 두루미와 다른 새들을 관찰했다. 몇몇 온천에서 두루미와 재두루미들이 쌍쌍으로 평화롭게 습지를 휘저으며 먹이를 찾아다니는 모습을 관찰하는 것은 감격스러웠다. 또 다른 한 쌍이 근처에 나타나면 두루미와 재두루미는 그들을 쫓아내곤 했다. 두 종이 함께했을 때 얻는 이득이 있는가 본데, 다른 새들은 끼워주기 싫은 모양이었다. 그래도 날이 어두워지면 모든 두루미들이 대성동 근처의 얼어붙은 저수지에 모여 밤을 보냈다. 아침에 보금자리를 떠나는 시간은 기온에 따라 다른데, 추운 날씨일수록 두루미들은 이곳에 더 오래 머물렀다. 어떨 때는 점심때가 다 되도록 먹이터로 날아가지 않기도 했다. 두루미들이 떠난 후 보금자리를 살펴보았더니, 두루미들이 앉았던 곳의 얼음이 녹아 두 발의 흔적이 그 위에 그대로 남아 있었다!

　어느 날, 매섭게 몰아치는 북풍 때문인지 두루미들이 그때까지와는 전혀 다른 행동을 보이기 시작했다. 40여 마리의 두루미와 60여 마리의 재두루미가 온천 근처에 머물지 않고 떼를 지어 마을 부근 논밭에 날아든 것이다. 아마도 추워진 날씨 탓에 두루미들이 이동하려고 무리를 짓기 시작한 것 같았다. 멀리 보이는 계곡 너머의 북한 쪽에서는 주변을 배회하는 작고 하얀 새 네 마리를 관찰할 수 있었다. 가끔 본 적이 있는 새였는데, 어떤 종인지 확인할 수 있을 정도로 가깝지는 않았다. 아마 왜가리가 아닐까 생각했다. 그런데 놀랍게도 이 신비한 새들이 두루미 무리를 향해 날아가기 시작했다. 나는 잘 포착된 왜가리 사진을 얻기 위해 가림막 안에서 집중하고 있었는데, 정말 놀랍게도 이 새들은 오래전 한반도에서 사라지고 일본에서 10여 마리만이 확인된다는 따오기였다. 친구인 경희대학교 조류연구소의 원병오 박사는 이 소식을 듣고 매우 놀라워했다.

1976년에서 1977년으로 넘어가는 겨울, 나는 비무장지대의 다른 지역들을 탐사하고 두루미 연구를 계속하기 위해 한국으로 돌아왔다. 한강 하구와 판문점 부근에 있는 두루미 수는 변동이 없었다. 그

▶ 1976년 비무장지대에서 포착한 따오기 /국제두루미재단

러나 따오기는 두 마리로 감소했다. 한국군의 허가를 받은 후, 〈한국일보〉의 유능한 사진작가 김해운과 경희대학교 구태회 선생과 함께 연구를 진행했다. 임진강과 그 지류에서는 두루미를 찾아볼 수 없었지만 철원 지역에서 125여 마리의 두루미와 몇 쌍의 재두루미 그리고 검은목두루미를 관찰했다. 우리는 흥분을 감출 수 없었다. 원 박사는 이를 주요한 발견이라고 보았다. 그러나 동쪽으로 이동하면서 모든 저지대를 조사했지만 두루미를 더 이상 발견할 수는 없었다. 강릉 북쪽의 석호에서 수많은 백조를 관찰했을 뿐이다.

문화공보부와 유엔군 사령부의 허가를 얻어 남아 있는 따오기 개체수를 확인하고 번식 목적으로 영국 저지 동물원(Jersey Zoo)에 데리고 가기 위해 1977년 겨울, 다시 공동경비구역으로 돌아갔다. 그런데 남아 있는 따오기는 단 한 마리였다. 우리는 이 새를 포획할 수 있다면, 일본에서 보호하며 기르고 있는 따오기 무리에 합류시킬 수 있겠다고 생각했다. 추운 몇 달 동안 따오기가 종종 찾아오는 온천 옆에 새그물을 설치하고 가림막 안에서 지켜보았지만 포획 노력은 실패했다. 그래도 따오기가 잘 포착된 사진은 건질 수 있었다. 이 사진은 중국인 동료에게 보내 중국 산시성 내의 따오기 개체수를 확인하는 데 도움이 될 수 있도록 했다. 이렇게 따오기를 보호한 결과, 수가 천 마리 이상으로 증가했다.

80년대 들어서, 한국의 동료들은 공동경비구역과 한강 하구에서 월동하던 두루미 개체수가 감소하고, 임진강 유역의 연천에서 월동

▶ 한국에서 찍은 두루미와 재두루
미의 사진 /국제두루미재단

▶ 한반도를 찾는 두루미 7종을 모
두 볼 수 있다는 철원에서 /국제두
루미재단

하는 두루미가 발견되었으며, 철원 지역의 두루미 개체수가 약 350마리로 증가했다고 알려왔다. 90년대에는 북한의 식량 기근으로 인해 월동하는 두루미가 분산되어 철원을 찾는 두루미가 800마리를 넘어섰다.

만약 북한과의 관계가 개선되어 철원 지역의 개발 계획이 진행된다면 그 지역의 두루미 서식지와 두루미의 안위에는 또 다른 위협이 될 것이다. 2008년 이후로 북한에 대해서는 우선 원산 남쪽 안변평야의 농민들을 지원해왔다. 90년대의 식량 기근 이전에 안변에서 월동하던 240여 마리의 두루미들이 그곳으로 돌아올 수 있도록 하기 위해서다. 다음에 이어질 글에서 홀 힐리가 안변에서의 경험을 풀어놓을 것이다.

홀 힐리
Hall Healy

2006년 미국DMZ포럼 대표

국제두루미재단 이사

두루미 서식지 보전과 지속가능한 농업

_북한 안변 피산협동농장에서

국재두루미재단 이사회 전 의장 **홀 힐리**

*번역: 신주운(환경운동연합 중앙사무처 에너지기후팀)

국제두루미재단(International Crane Foundation, ICF)은 1973년부터 전 세계 15종의 두루미와 그들의 서식지를 연구하고 보전하는 일에 힘써 왔다. 국제두루미재단의 공동 설립자인 조지 아치볼드 박사는 1970년대부터 한반도에서 두루미 보전 활동을 해왔다. 2008년에 북한 국가과학원은 안변의 피산협동농장, 조선대학교(일본)와 함께 버드라이프인터내셔널(영국), 한스자이델재단(독일), 국제두루미재단(미국)의 특별 지원을 받아 강원도 원산 근처에 있는 안변에서 '두루미 서식지 복원과 지속가능한 농업' 사업을 시작했다. 이 글에서는 이 사업에 대해 이야기하려고 한다.

전 세계 15종의 두루미 중에서 동북아시아에서 볼 수 있는 두루미는, 중국 본토로 이동하는 1,400마리와 일본 북쪽에 서식하는 1,500마리를 합쳐 총 2,900마리의 개체가 야생에서 발견되었다. 이에 따라 국제자연보호연맹(IUCN)은 이 두루미를 '멸종위기종'으로 분류하고 있다. 1,000여 마리의 두루미들이 이동 중에 한반도에서 겨울을 나기 때문에, 비무장지대와 그 부근의 국경 지대는 두루미들이 계속

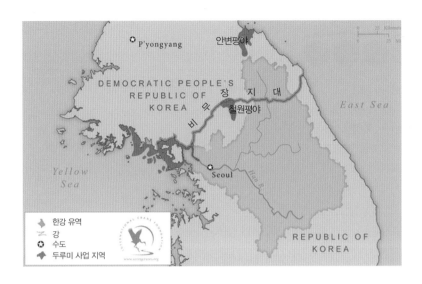

생존하는 데에 필수적이다.

두루미는 천년 남짓한 시간 동안 아시아 문화에 깊이 뿌리내리며 한국, 중국, 일본, 인도, 러시아의 예술 속에서 영적인 상징물로 사랑받아왔다. 두루미는 인류 사회에서 행복, 장수, 충실함을 상징한다. 하지만 이렇게 인류의 사랑을 받는데도 불구하고, 국제자연보호연맹에 따르면 서식지 파괴, 개발, 오염, 화학비료와 살충제 남용, 사냥, 불법 거래 등으로 인해서 15종의 두루미 중 11종이 '취약(멸종 위기 전단계)'하거나 '멸종 위기'인 상태라고 한다.

남북한 모두 보호 가치가 있는 종(種), 지역, 문화적 전통 등을 '천연기념물'로 지정하고 있다. 남한에서 두루미는 천연기념물 제202호, 재두루미는 제203호로 각각 지정되어 있다. 북한 또한 이 두 종의 두루미 모두와, 서해안에 위치한 문덕(문덕겨울새살이터, 천연기념물 제904

EX – Extinct	절멸종, 절멸
EW – Extinct in the Wild	자생지 절멸종, 야생절멸
CR – Critically Endangered	심각한 위기종, 위급
EN – Endangered	멸종 위기종, 위기
VU – Vulnerable	취약종, 취약
NT – Near Threatened	위기 근접종, 준위협
LC – Least Concern	관심 필요종, 관심 대상

▲ 국제자연보전연맹IUCN의 '적색목록' 분류 체계

호), 남동쪽의 금야(금야겨울새살이터, 천연기념물 제275호), 안변평야(안변두루미살이터, 천연기념물 제421호)를 포함한 북한의 여러 두루미 월동지를 천연기념물로 지정했다. 남북한 모두 사용하는 '학(鶴)'이라는 단어는 두루미를 뜻하는 한자어로, 북한 안변 사업 지역을 포함한 수많은 마을 이름에 '두루미'를 뜻하는 글자가 들어가 있다.

　　두루미는 늦은 가을에 한반도로 날아와 늦은 겨울에 떠난다. 북한 남부와 남한 북부 일대에 있는 저지대에서 흔히 목격되던 두루미들이 지금은 주로 비무장지대 안이나 부근에 있는 골짜기에서 제한적으로 월동한다. 남한 철원 지역의 습지와 농지는 많은 두루미들에게 도움이 된다. 철원에서 출발해 중국 동부와 러시아 남동부의 번식지로 향하는 두루미들의 비행 경로는 한반도 동해 쪽에 위치한 원산 남부의 안변평야를 거친다. 1990년대에 북한에 식량 위기가 오기 전까지만 해도 안변평야는 244마리 두루미의 월동지이자 다른 수많은 종의 새들이 잠시 머물다 가는 곳이었다. 2008년 들어서부터 국제두루미재단은 버드라이프인터내셔널, 북한의 국가과학원과 함께 안변평야를 다시 두루미의 월동지로 복구하려는 사업을 진행했다.

　　1990년대 초, 홍수, 가뭄, 비료 수입 감소 등으로 북한의 토지생산성은 떨어졌다. 이런 요인들은 수확량의 심각한 감소를 야기했다. 사람이 먹을 것이 줄자, 두루미들의 주요 먹이자원인 벼 낙곡도 감소했다. 다행히 북한 당국이 두루미를 엄격히 보호한 데다 군인들만이 총기를 소지할 수 있었던 덕분에 두루미들이 잡히지 않고 무사히 살아남을 수 있었던 것 같다.

안변 사업의 목표는 다음과 같다. 지역의 농산물 생산이 늘고 식량 보급이 개선되도록 농민들을 지원하는 것, 그리고 북한 안변의 피산협동농장 환경 내에서 두루미와 다른 철새들을 위한 서식지와 먹이 공급을 복구하는 것이다. 국제두루미재단의 공동 설립자인 조지 아치볼드는 "두루미와 가까이 있는 주민들을 돕지 않고는 두루미를 도울 수 없으며 [두루미와 주민들의] 운명이 서로 이어져 있음을 항상 느낀다."고 했다. 피산협동농장은 예전에 두루미들이 월동하던 안변평야의 한편에 자리 잡고 있으며, 안변에서 떠난 이후에 찾게 된 남한의 철원평야로부터 비무장지대 너머 북동쪽으로 약 100km 떨어져 있다.

이 사업은 2009~2015 람사르협약의 전략계획 목표를 이행하는 데 기여하고 있다. 람사르협약은 1971년에 조인된 국제습지협약으로 북한은 참여하지 않지만 한국을 포함한 168개국이 참여하여 협약을 이끌고 있다. 람사르협약의 목표에는 (1) 홍수 방지, 식량 안보, 기근 근절, 문화유산, 과학적 연구, 과학 기반의 관리 등 전략과 핵심 결과 영역에 대한 현명한 이용, (2) 시너지 효과 및 파트너십, 지역적 이니셔티브, 국제 지원 등이 포함된 전략에 대한 국제 협력, (3) 제도적 수용

북한에서 찍은 사진들 /국제두루미재단

역량과 효용성 등이 있으며, 이 목표에만 국한하지 않는다. 또한 북한
의 '천연기념물 보전'을 위해서 북한의 주요 3대 과학적 목표 중 하나
인 식량 안보와 관련된 프로그램을 지원하기도 한다.

'지역 주민과 두루미를 위한 식량 확보'와 '두루미 서식지 복구'라는 상호 유익한 목표를 실현하기 위해서는 달성해야 하는 여러 목표들이 엮여 있다. 유기농산물 생산자들을 교육하여 식량 생산을 늘리는 것, 벼 선별기처럼 농민이 필요로 하는 장비를 제공하는 것, 토양에 질소를 고정하여 비옥도를 높이는 콩과(科) 작물인 살갈퀴(vetch) 씨앗을 제공하는 것, 침식과 홍수 피해를 줄이기 위해 언덕에 심을 과일나무 묘목을 제공하는 것들이 그 목표에 해당되며, 이는 농민들이 얻는 영양분과 수익이 풍부해지도록 하는 또 하나의 자원이 된다. 또 다른 목표도 있다. 지역 주민과 농민들에게 두루미와 생물다양성의 중요성을 알리고, 두루미가 지역 주민의 건강과 복지에 필수적으로 연결되어 있음을 알게 함으로써 야생 두루미가 돌아와 그 지역에 머물도록 장려하는 것이다.

이러한 목표들은 북한 정부 및 지방 당국, 피산협동농장, 국제두루미재단과 한스자이델재단의 재정 지원 덕분에 좋은 방향으로 진행되고 있다.

농민 돕기

우연하게도 안변 사업이 시작된 2008년에 북한 당국은 유기농법을 전국적으로 확대하라는 내용의 시행령을 내렸다. 짚, 거름, 토탄(土炭), 진흙과 같은 천연 재료를 쓰고 토양에 질소고정 작물을 심는 유기농법은 인조 화학비료 없이도 작물에 필요한 영양소를 제공한다.

피산협동농장에는 약 500ha의 평야와 언덕이 있지만 그중 절반 정도만이 경작 가능한 땅이다. 대체로, 한반도가 차지하는 면적 중에서 북한의 16%, 남한의 22%만이 경작 가능하다. 안변평야에는 1만 ha에 달하는 토지가 있고, 11개 협동농장이 이를 나누어 관리하고 있다.

사업 초기(2008~2009년)에 국가과학원과 피산협동농장 노동자들은 피산농장에 유기농법을 도입하여 살구, 자두, 견과를 포함해 3,000그루의 갖가지 묘목을 언덕에 심었다. 시범 구역에서는 유기농법으로 쌀을 재배하고, 그 기술을 가르쳤으며, 필요한 장비를 제공했다. 초기에 심은 묘목들 대부분이 농업용수 부족과 빈약한 토질로 인해 말라죽었다. 2011년에는 물을 저장하기 위해서 배수로를 팠고, 그 후에 유기농 비료를 이용해 토질을 향상시켰다. 조건이 적절히 개선되면 다른 묘목들도 심을 예정이다.

2008년 이후 피산협동농장의 4ha에 달하는 토지에서 유기농법이 이루어졌다. 적절한 유기비료를 이용하여 화학비료로 생산된 곡물 수확량과 맞먹는 생산량을 내기까지 수년이 걸렸다. 2008년에 유기농법으로 가꾼 논밭의 생산량은 화학비료를 쓴 경작지 생산량의 74.7%였고, 2011년에는 91%로 증가했다.

안변군의 지원으로 피산협동농장에 새로운 시설이 세워졌고, 이곳에서 생태적인 농사를 짓는 데 도움이 되는 세 가지 유기농 비료가 생산되었다. 하나는 거름으로 만든 것이고 다른 하나는 그 지역에서 자연적으로 생성된 토탄을 분해하여 만든 것으로 최근에는 소가

끄는 달구지를 이용해 12㎞ 떨어진 곳에서 가져온다. 세 번째 비료는 동물의 털과 날개를 이용해 만든 것으로 영양 보충용 보조 비료로 사용된다. 피산협동농장은 남는 비료를 그 지역의 다른 협동농장에 팔고 싶어 한다. 생산량을 더 향상시키기 위해 최근 농부들은 감자, 쌀, 다른 평지 식물을 생장철에 심는 등의 이모작을 시작했다.

이 사업을 통해 얻게 된 다른 이점들도 있다. 토양이 비옥해졌고 토양의 산성도가 낮아졌으며 식량 안보가 개선되었다. 해로운 화학 비료를 배제하고 농산물을 생산하게 되었으며 유기물을 이용하자 토양의 탄소량이 증대되었다. 또 퇴비를 넣어 더 가볍고 수분과 공기가 잘 통하는 토양 구조로 개선했다. 피산협동농장은 생산성, 산출량, 식량의 이용 가능성을 두 배로 늘리기 위해 정미기를 구입하여 도정을 자동화했다. 농장 동물에 먹일 물배추를 재배하고 두루미 먹이용으로 진흙 달팽이와 게를 양식하기 위해 연못도 몇 개 만들었다. 7인승 승합차(일명 '두루미 차')도 구입하여 협동조합의 농민들이 이동하고 물자를 운송하는 데 이용했다.

2008년부터 국제두루미재단은 매년 2만5천~5만 달러의 기금을 지원했다. 북한 정부는 이 예산을 피산협동농장에 가축사육 시설을 짓는 데 투자했고 재배용 관개를 위해 배수로도 구축했다. 새로운 비포장도로와 사무실 건물들이 들어서면서 40가구의 새로운 집이 지어졌고 옛 행정관 건물은 유치원으로 개조되었다. 300명을 수용할 수 있는 강의실도 지어져 협동조합은 여기에서 북한 전역의 4만 명에게 유기농 재배법을 가르쳤다. 중국에서도 한스자이델재단이 유기농 재배법을 담은 책을 출판하면서 주요 사업자들을 대상으로 한 유기농 기술 훈련을 진행하기도 했다.

이러한 활동 덕분에 한 과학기술 연구팀이 북한 전역을 대표하는 농장 모델이 된 피산협동농장을 방문하여 농장 관련 정보를 수집하고 촬영을 했다. 그리고 전국 및 지역 신문들이 이 농장이 보유한 재배기술에 대한 기사를 싣기도 했다.

두루미 서식지 복구

이 사업을 이해하려면, 수 세기에 걸쳐 농사를 지어오면서 안변의 자연 습지가 사라진 지 오래라는 것을 알아두어야 한다.

1980년대에 히로요시 히구치 교수 팀은 두루미에 라디오 송신기를 달아 두루미와 재두루미의 이동경로를 연구했다. 이 연구 자료는 1970년대부터 12월 초와 2월 말~3월 초에 가장 많은 두루미 개체수가 관찰된 안변 평야지대를 연구했던 북한의 자료와 밀접한 관련이 있었다. 히구치 교수와 그의 동료들은 송신기를 장착한 일부 두루미들이 중국과 러시아 번식지에서 출발해 한반도의 동해안을 따라 남쪽으로 이동하다가 안변에 기착했다는 사실을 알아냈다. 어떤 두루미들은 수년간 겨울을 안변에서 나기도 했다. 다른 두루미들은 남서쪽으로 계속 이동하여 남한의 강원도 서부 비무장지대에 근접한 철원까지 날아갔다. 몇 마리는 겨울 동안 두 지역을 왔다 갔다 하기도 했다. 1990년대에 북한에 닥친 기근으로, 안변에 두루미가 오지 않게 되면서 대신 남한 철원 지역에 들르는 두루미가 300여 마리에서 약

1,000마리 정도로 증가했다. 이는 이 생물종의 생존에 비무장지대와
민간통제구역(Civilian Control Zone, CCZ)이 얼마나 중요한 역할을 하는
지를 잘 보여준다.

　현재 철원은 물새의 월동지를 온전히 보호하고 있다. 만약 남북한

◀ 철원의 재두루미들 /국제두루미재단

두루미 서식지 보전과 지속가능한 농업

의 관계가 개선된다고 가정하면 결국 통일이 이루어질 것인데, 이것이 지금의 상황을 악화시킬 수도 있다. 평화체제하에서 남한은 철원 평야를 '통일도시'로 전환할 계획을 밝혔다. 그런데 이 계획은 의도치 않게 1,000여 마리의 두루미, 3,000마리의 재두루미, 25만 마리의 거위와 수많은 다른 새들의 월동지를 파괴할 수 있다. 그러므로 두루미 전문가들은 대안 지역의 필요성을 고려하고 있었다. 안변은 역사적으로도 새들의 주요한 월동지였기 때문에 대안 서식지로 선택되었다. 이는 그 지역에서 두루미가 갖는 문화적 중요성과 결부된 선택이기도 했다.

중국 국가임업국이 사로잡은 두루미 한 쌍이 이동하는 야생 두루

/Josh Anon

미들을 꾀기 위한 미끼로 사용되었다. 2008년 11월과 2009년 3월에 거대한 두루미 떼가 안변평야를 돌다가 잡혀 있는 두루미를 향해 마주 울더니 철원을 향해 계속 날아갔다.

2009년 11월 중순에는 이동 중인 야생 두루미들을 꾀기 위해서, 포획된 두루미, 나무로 만든 7개의 미끼용 두루미, 녹음된 두루미 울음소리 등이 동원되었다. 93마리의 재두루미와 91마리의 두루미가 우리 머리 위로 날아갔다. 이들 중 41마리는 포획된 두루미 곁에 착지하여 며칠간 머물렀다. 2010년에는 야생 두루미들을 유인하는 데 포획된 두루미들만을 이용했더니 한 마리도 땅에 내려앉지 않았다.

2011년 10월 추수가 끝난 후, 포획된 두루미들이 있는 곳 근처에 습지를 만들기 위해 63ha에 달하는 논에 물을 쏟아 부었다. 유인용 목재 두루미와 두루미 울음소리도 다시 활용했다. 120마리의 두루미들이 그 일대의 상공을 돌며 착지하려는 듯 보였다. 기쁘게도 22마리가 작은 무리를 지어 땅에 내려앉더니 각각 다른 기간 동안 머물렀다. 5마리로 이루어진 한 무리는 3주 동안 머물다가 철원으로 떠났다. 게다가 약 20마리의 재두루미, 1,000마리의 쇠기러기, 큰기러기, 왜가리 등 다양한 종의 물떼새가 물을 부어둔 논에 머물렀다. 2012년에는 약 70마리의 두루미가 안변에 기착했고, 2013년에는 35마리, 2014년 말에 18마리가 기착했다. 북한의 국가과학원 소속 연구원들이 물을 댄 논과 살아 있는 두루미가 야생 두루미를 유인하는 데 가장 중요한 요인이었다.

두루미의 주요한 먹이인 미꾸라지와 게는 유기농법과 2011년에 만든 연못 덕분에 개체수가 증가했다. 게의 개체수는 12개 시험구(試驗區)에서 130% 증가했다. 두루미들은 옥수수, 벼 이삭, 물고기, 게 등의 먹이를 땅에 뿌리는 사람들을 쫓아다니기도 했다.

지역 주민들이 두루미라는 존재와 두루미가 필요로 하는 것을 조금씩 인지해감에 따라 연구원들은 안변평야가 또 한 번 두루미의 주요한 월동지가 될 것이란 희망을 품기 시작했다. 2015년 초, 피산 농민들은 사람이나 다른 가축의 접근을 줄이고자 두루미 보호구역 주위에 울타리를 쳤다. 두루미를 위해 사람이 마련한 먹이터 또한 울타리 안에 지어질 것이고, 일반인들이 두루미에 접근하지 못하도록 중요한 지점에 감시원들을 배치할 예정이다. 두루미들이 사람을 신뢰하게 되면, 철원에서도 그랬듯이 사람에 대한 적대감이 줄어들 것이다. 결국 두루미 개체수를 유지하려는 인위적 수단들이 더 이상 필요하지 않기를 바라는 것인데, 실제로 인도에서는 좁은 지역임에도 불구하고 인위적 수단 없이도 두루미가 충분한 먹이와 보호가 주어지는 환경에서 사람과 평화롭게 공존하고 있다.

2008년부터, 조류가 지닌 고유한 가치를 대중에 알리기 위해서 포획한 두루미들을 이용해왔다. 이제 농민들은 야생 두루미들이 돌아와주길 간절히 바란다. 북한 국가과학원이 발행한 두루미 보전 관련 책자를 받아 본 지역 학교 학생들은 두루미를 먹이기 위해 메뚜기 수 킬로그램을 잡기도 했다. 피산협동농장 관리인은, 두루미가 피산농장을 널리 알리고 '행운'을 가져다 준 촉매라고 생각한다.

피산농장과 북한 국가과학원 사업 담당자들은 두루미의 일대기와 남한 월동지에서의 두루미 보전 활동에 대한 발표를 들었다. 남한의 개발 계획 때문에 위협받고 있는 두루미들을 위해서는 결국 북한 월동지 복구가 필수적이라는 내용이 특히 강조되었다.

지금까지 국제두루미재단은 개인과 재단의 지원을 받아 사업 기금을 모아왔다. 2015년까지 모인 총 30만 달러의 기금이 없었다면 이런 사업이 불가능했으리라는 것은 말할 필요도 없다. 수십만 달러에 이르는 '현물' 지원 또한 받았다.

/Hall Healy

안변의 미래

아직 해야 할 일들이 많이 남아 있지만, 지금까지의 진행 상황으로 보면 이 사업을 통해 두루미에 대한 북한의 국가적·지역적 차원의 관심을 끌 수 있었고 추가 재원도 마련할 수 있었다. 북한의 동료들은 유기농업에서의 진보와 야생 두루미들이 보이는 초기 반응에 만족해하고 있다.

유기농법은 장점이 많지만, 필요한 재료를 운송하는 데 비용이 많이 든다. 피산농장에서 필요로 하는 주요 항목은 다음과 같다. 일단 농업용지를 형성하기 위한 토탄 운송용 장비, 점토, 유기 침전물이 필요하다. 온실과 비료 저장고를 지을 필요도 있다. 국가과학원 또한 대중교육 과정에서 중요한 생물다양성 관련 책자를 출판하고 배포하기 위한 재원이 필요하다.

국가과학원과 피산협동농장의 관계자들이 현재까지 이룬 성과와 그들의 헌신, 전문성을 보면 이 사업의 향후 결과는 매우 긍정적일 것으로 보인다. 또한 강령, 문덕, 금야 등 북한의 다른 지역으로 확장될 수 있는 잠재력이 보인다. 남북한의 관계가 개선되면 안변에 상당한 재정 지원이 이루어지리라는 희망도 있다.

안변의 농업생산성 향상을 장려하는 지원책은 많지만 가장 중요한 것은 인간의 생명을 유지하기 위한 기본적 필요가 충족되는 것이다. 인류를 위한 식량 공급이 개선되면 두루미와 철새들에게도 더 많은 먹이가 공급된다. 결국 인류와 두루미가 건강한 미래를 영위하기 위해서는 동일한 자원에 의존할 수밖에 없는 것이다.

진 익 태

- 강원도 철원군 갈말읍 토성리 출생.
- 현) 한빛 목장 경영

  현) 한국 생태사진가 협회 회원

  현) 한국 두루미 보호 협회 회원

  현) 환경부 조류 센서스 조사원. 생태우수지역 보호 네트워크 관찰자

  현) 철원 두루미학교 교장

  현) 철원군 새마을회 회장 (철원군다문화가족지원센터장·새롬어린이집대표·철원군아이돌보미지원사업)
- 제1회 철원 자연 사진전 (1993)

  제2회 철원 자연 사진전 (1995)

  제25회 환경의 날 기념 환경전시회 철원 조류 사진전 (1997)

  강원도 향토물산전 비무장지대 생태계 사진전 (1997)

  한국 생태사진가 협회 자연의 숨결 사진전시회 (1994, '95, '97, '98, 2000, '01, '15)

  한·일 2인 사진전 (일본, 나가노 1998)

  진익태 철원두루미 사진전 (2004)

  동아시아의 멸종위기조류-저어새, 따오기, 두루미 사진전시회 (2006)

  세계 두루미의날 기념 두루미 사진전 (2004, '07, '08, '09, '10)
- 철원 두루미 사진 21점 영국 엘리자베스 여왕 전달 (1994)

  철원 두루미 사진 25점 청와대 전달 (김대중 대통령)
- 철원 두루미 사진집 발간 (2003)

두루미의 고장 철원평야

철원두루미학교 교장 진익태

철원평야는 세계적으로 널리 알려진 철새의 고장이자 철새들의 낙원
이다. 특히 철원의 대표적인 새는 '학'이라 불리는 두루미다. 두루미는
전 세계적으로 15종이 있는데 우리나라에 찾아오는 두루미 7종 모두
가 철원에서 월동하거나 철원에서 머물다 남쪽으로 이동하곤 한다.

월동하는 대표적인 두루미는 두루미(천연기념물 제202호), 재두루미
(천연기념물 제203호), 흑두루미(천연기념물 제228호), 검은목두루미, 시
베리아흰두루미, 캐나다두루미이며 2014년도에 쇠재두루미가 철원에
서 처음으로 목격되었다.

그 외에도 독수리류(천연기념물 제243호) 중에서 독수리·검독수리·
참수리·흰꼬리수리, 기러기류 중에서 큰기러기·쇠기러기·흰기러기·캐
나다기러기, 매류(천연기념물 제323호) 중에서 매·참매·붉은배새매·새
매·잿빛개구리매·개구리매·새홀리기·황조롱이·쇠황조롱이, 또 백
조라 불리는 큰고니(천연기념물 제201호)와 부엉이류(천연기념물 제324
호)인 수리부엉이·쇠부엉이·솔부엉이·큰소쩍새·소쩍새 등 귀한 새
들이 철원평야에서 월동하거나 텃새로 자리 잡고 있다.

새들이 철원을 많이 찾는 이유는 철원평야에서 생산되는 벼알이 많고 민통선과 비무장지대 등의 서식 환경이 좋기 때문이다. 70년대 이전에는 손으로 벼를 수확했고, 개발이 되기 전이라 우리나라 전역에서 새를 볼 수 있었지만 곳곳이 개발되면서 새들은 철원 민통선 지역으로 몰려들기 시작했다. 또 70년대 이후 철원평야에서는 기계화 영농을 하면서 벼알이 많이 떨어져 새들의 먹이가 풍부해졌다.

콤바인으로 벼를 수확하면 벼알의 3~5%가 논에 떨어지는데 철원평야 정도의 면적이면 3,600톤 정도의 알곡이 철원평야 전 지역에 펼쳐져 있는 셈이다. 또 민통선과 새들의 잠자리인 비무장지대, 한탄강 등에는 인적이 드물어 사람들의 간섭이 없으니 철원평야를 새들이 사랑할 수밖에 없는 듯하다.

관머리두루미 Black Crowned Crane
흰볼관머리두루미 Grey Crowned Crane
청두루미(깃털장식두루미) Blue Crane
쇠재두루미 Demoiselle Crane
볼장식두루미(볼망태두루미) Wattled Crane
시베리아흰두루미 Siberian Crane
캐나다두루미 Sandhill Crane
큰두루미 Sarus Crane
오스트레일리아두루미(브롤가) Brolga
재두루미 White-naped Crane
흑두루미 Hooded Crane
검은목두루미 Common Crane
아메리카흰두루미 Whooping Crane
검은꼬리두루미 Black-necked Crane
두루미 Red-crowned Crane

▲ 전 세계에 분포하는 두루미류 15종. 초록색으로 된 것이 철원에서 발견되는 7종이다.

평화전망대에서 본 비무장지대 /진익태

소아산 봉수지에서 바라본 철원평야 너머 비무장지대와 평강고원 /진익태

종 류	전 세계 생존	국내 월동
두루미	2,700∼3,000	850∼1,000
재두루미	4,900∼5,300	1,350∼1,500
흑두루미	9,400∼9,600	350 이하
시베리아흰두루미	2,900∼3,000	4
검은목두루미	222,000∼250,000	2
쇠재두루미	200,000∼240,000	1
캐나다두루미	520,000	2

▲ 우리나라에서 월동하는 두루미 현황 (단위: 마리)

그동안 필자가 환경부 소속 국립생물자원관 조사원으로 1999년부터 지금까지 철원평야의 조류 개체수를 조사한 결과는 오른쪽의 표를 보면 알 수 있다.

그동안 철원평야 조류 센서스 조사에 1999년부터 올해까지 참여하면서, 철원평야의 두루미류 개체수가 매년 늘어나는 것을 알 수 있었다. 철원의 서식 환경이 다른 지역보다 좋아지고 먹

연 도	두루미	재두루미	흑두루미	독수리
1999	372	474	1	8
2000	332	385	1	41
2001	398	377	1	74
2002	535	421		77
2003	384	440	1	475
2004	581	488		386
2005	386 (97)	765 (0)		230 (97)
2006	489	1,034	1	604
2007	567 (121)	1,064 (41)	1	437 (56)
2008	678 (170)	1,366 (57)	3 (1)	70 (82)
2009	828 (183)	1,464 (98)	1	82 (65)
2010	882 (144)	862 (178)	1 (1)	346 (157)
2010.12.12	749	1,924	1	584
2011	694 (122)	1,360 (127)	(2)	165 (101)
2012	603 (169)	1,115 (144)	1	628 (79)
2013	663 (228)	1,029 (191)	(2)	198 (86)
2014	715 (227)	2,085 (196)	1	320 (96)
2015	711 (175)	2,444 (71)	14	149 (23)

◀ '겨울철 조류 동시 센서스'. 매년 1월 말에 조사한 자료. ( ) 안의 숫자는 연천 지역의 조사 결과다.

이를 꾸준히 주면서 새들이 철원평야로 몰려드는 것이라 생각된다.

두루미뿐만 아니라 검독수리, 참매, 잿빛개구리매, 큰고니 등의 귀한 철새, 호반새, 청호반새, 꾀꼬리, 파랑새, 흰날개해오라기, 뜸부기, 논병아리, 쇠뜸부기사촌 등의 여름철새 등 많은 새들이 철원평야에서 번식하는 것을 확인할 수 있었다.

두루미는 지구상에 3,000여 마리가 살고 있는데 철원(우리나라)에 1,000여 마리, 일본 홋카이도 구시로에 1,000여 마리가 발견되며, 그 외에는 중국 등지에서 겨울을 나거나 러시아의 한카호 등에서 번식하고 있다. 중국과 우리나라에는 겨울에만 찾아와 월동하는 겨울철새로 알려져 있지만, 일본 북해도 구시로에서는 터를 잡고 사는 텃새다.

두루미, 재두루미와 흑두루미 등이 한 지역에서 월동하는 모습은 지구상에서 철원평야에서만 유일하게 볼 수 있는 진풍경이라고 한다.

철원평야는 철새들의 중간 기착지이자 월동지다. 특히 재두루미는 철원을 거쳐 남쪽으로 이동하는데, 이동 시기에는 4,000여 마리가 철원 전 지역에서 먹이를 먹고 있는 모습을 볼 수 있다.

그 외에도 독수리 600여 마리, 쇠기러기 30,000여 마리 등이 찾아오는 철원은 '철새들의 낙원'이라 불리기에 모자람이 없다. 철원평야는 우리나라에서 천연기념물 조류가 가장 많이 월동하는 곳이기도 하다.

민통선 전 지역, 비무장지대, 한탄강, 토교·하갈·강산·산명호 저수지 등 철새들이 쉬고 잠자고 먹고 생활하는 데 가장 좋은 조건을 가지고 있는 곳, 이곳이 바로 철원평야다.

일본 홋카이도 구시로의 두루미들 /전익태

▼ 철원을 찾는 두루미들 /진익태

1 두루미(천연기념물 제202호) – 11월 초에 우리나라로 오기 시작하여 12월 중하순까지 찾아오며 월동하기도 한다. 2월 말이면 러시아의 번식지로 갈 준비를 하며 3월이면 다 떠난다.

2 재두루미(천연기념물 제203호) – 우리나라에 찾아오는 시기는 9월 말부터다. 11월 중하순까지 찾아오며 월동하기도 한다. 2월 말이면 러시아의 번식지로 갈 준비를 하며 3월 말이면 다 떠난다.

3 흑두루미(천연기념물 제228호) – 9월 말에 오기 시작하여 11월 중하순까지 찾아오며 월동하는 개체는 10여 마리 내외다. 2월 말이면 러시아의 번식지로 갈 준비를 하며 3월 말이면 다 떠난다.

4 검은목두루미 – 우리나라에 찾아오는 시기는 10월부터 11월 중하순까지이며 월동하는 개체수는 10여 마리 내외다. 2월 말이면 러시아의 번식지로 갈 준비를 하며 3월 말이면 다 떠난다.

5 캐나다두루미 – 10월에 오기 시작하여 11월 중하순까지 찾아오며 월동하는 개체수는 10여 마리 내외다. 2월 말이면 러시아의 번식지로 갈 준비를 하며 3월 말이면 다 떠난다.

6 시베리아흰두루미 – 우리나라에는 10월에 오기 시작하여 11월 중하순까지 찾아오며 월동하는 개체수는 10여 마리 내외다. 2월 말이면 러시아의 번식지로 갈 준비를 하며 3월 말이면 다 떠난다.

7 쇠재두루미 – 강화, 부산 등에서 관찰된 기록이 있으며 지난해(2014년 12월) 철원평야에 처음 찾아왔다. /Victor Tyakht

카메라를 들고 철새를 쫓아다니게 된 기념비적 사건

철원평야의 문화유적지를 찾아다니며 사진을 찍거나 기록으로 남겨 놓곤 하는 것이 취미였다. 1988년 1월, 남대천, 지금은 화강이라 불리는 곳에 물고기를 잡으러 갔다가 물가에 죽어 있는 새 한 쌍을 발견했다. 머리에 마치 댕기 같은 것이 달려 있어 특이하다고 생각해 박제로 만들어 보관했다. 1999년 1월, 한국조류보호협회가 개최한 철원두루미 먹이 주기 행사에 참가한 회원들에게 사진을 보여주었더니 비오리 같기도 하고 잘 모르겠다며 확인해 알려준다고 했다. 그 다음날 온 연락은, 그 새들이 '호사비오리'이며 백두산에서 서식하는 귀한 새라는 것이었다. 그런 새가 철원의 남대천에서 발견된 것이다. 그 새를 보겠다며 우리나라 각지의 교수와 사진가들이 찾아왔다.

▶ 우리나라에서 62년 만에 발견된
호사비오리(박제) /진익태

후에 한탄강에서 발견된 호사비오리를 촬영하는 데 성공해 널리 알려지게 되었다. 지금은 12월 중순경에 북한강에서도 호사비오리를 간혹 볼 수 있다.

박제로 만들었던 호사비오리 한 쌍은 철원군에 기증하여 지금은 월정리역 두루미관에 전시되어 있다. 이렇게 한 쌍이 전시되어 있는 곳은 철원 두루미관뿐이다.

호사비오리를 발견한 것을 계기로, 새 사진을 찍겠다고 망원렌즈를 구입하여 사진을 찍기 시작했다. 하지만 새가 찍으라고 포즈를 잡아주는 것도 아니고, 새와 숨바꼭질하면서 찍어야 했다. 그 당시에는 디지털카메라가 아닌 슬라이드 필름을 넣은 필름카메라로 사진을 찍었기에, 필름을 현상하러 서울 충무로에 밥 먹듯이 다니곤 했다.

두루미 사진을 찍으며

철원에서 두루미를 찍기란 쉽지 않은 일이다. 민통선 밖에서는 자유롭게 카메라를 들고 다닐 수 있지만 민통선 내에서는 규제가 심해 사전에 촬영 허가를 받아야만 사진을 찍을 수 있기 때문이다. 그 외 지역에서는 자유롭게 촬영이 가능하다

내가 살고 있는 곳은 민통선과 경계를 짓고 있으며 앞에 화강(이전에는 남대천)이 흐르는 철새들의 낙원이다. 겨울철새들의 휴식처일 뿐 아니라 여름철에는 철새들의 번식지로서 좋은 조건을 가지고 있으며, 아침에 눈을 뜨기만 하면 새들을 볼 수 있기 때문에 새를 찍기에는 더할 나위 없는 곳이다.

▶ 두루미 탐조에 사용하는 장비들
/진익태

　그동안 두루미를 접하면서도 우리나라에 두루미 몇 마리가 와서 월동하는지 정확한 데이터가 없어 안타까워하던 중 1994년에 일본 규슈 이즈미 시 두루미 월동지를 방문할 기회가 있었다. 거기 가서 보니 무려 1920년대의 두루미 숫자가 기록된 책이 남아 있었다. 우리도 이런 기록을 남겨야겠다는 생각이 들었다. 그 무렵, 미국 국제두루미재단에서 파견된 프란시스 갈프란, 석사 과정에서 두루미를 연구하는 학생과 함께 쌍안경과 필드스코프로 두루미 숫자 세는 방법을 배웠다.

　환경부에서 우리나라 '철새 동시 센서스'를 시작한 것이 1999년이었다. 그때부터 지금까지 참여하면서 그동안 두루미 개체수가 증가한 것을 직접 확인할 수 있었다.

철원에서 만난 귀한 새들

1988년 2월 호사비오리(우리나라에서 '62년 만에 발견) 한 쌍을 처음으로 발견한 이후, 두루미를 찍으면서 그동안 미조(迷鳥)로 알려졌던 캐나다두루미와 시베리아흰두루미(1995년 2월 8일)를 발견해 촬영한 것이 처음으로 지면과 방송에 알려지게 되었다.

2001년 1월에는 월동하고 있는 시베리아흰두루미 유조(留鳥) 한 마리도 방송에 알리게 되었다. 그다음에 발견한 것은 검은목두루미였다. 또 그간 보이지 않던 흑두루미도 확인되면서, 두루미·재두루미·흑두루미 3종이 월동하는 곳은 철원평야가 세계적으로 유일한 지역이라는 사실을 알리게 되었다.

그 외에는 쇠재두루미까지 포함해 7종의 두루미가 우리나라에 찾아와 철원평야에서 월동하거나 잠시 머물다 남쪽으로 이동한 후에 번식지인 시베리아로 가기 전 철원평야 다시 들러 머물다 떠나는 것을 확인할 수 있었다.

철원평야의 변화

1999년도 이후에 철새도래지 인근에 3번국도(대마리에서 월정리역)가 포장되면서 철원역 부근에서 월동하던 두루미들이 아이스크림고지(삽슬봉) 주변으로 이동해 월동하는 모습을 확인할 수 있었다. 이어서 샘통이 개발되면서 샘통 주변의 두루미들이 아이스크림고지와 양지리 연주고개 등으로 이동해 월동하는 모습, 아이스크림고지 주변에 도로가 개발되면서 민통선 전 지역으로 분산해 월동하는 모습,

한탄강에서 먹이 나누기를 하고 한탄강에 사진 촬영용 움막이 만들어지면서 많은 개체들이 한탄강 주변과 도창리, 먼 들 지역으로 이동해 월동하는 모습이 차례로 확인되고 있다.

최근에는 민통선 지역의 광활한 평야에 들어서는 비닐하우스가 늘어나고 있다. 두루미의 서식지는 이렇게 또 줄어든 셈이다.

천년을 살면 청학이 되고 다시 천년을 살면 현학이 되어 불사한다는 두루미. 사람이 두루미처럼 오래 살려면 깨끗하고 평화로워야 하고, 바르고 어질어야 한다고 했다.

철원평야에는 오래전부터 두루미, 즉 학이 날아와서 월동했다는 어른들의 이야기를 들었다. 이는 철원 지방의 지명으로도 알 수 있다. 금학산, 학저수지, 봉학마을, 학무산⋯⋯. 두루미는 우리 선조들의 삶과 떼려야 뗄 수 없는 새였다. 흰 옷을 입은 선조들이 두루미의 아름다운 자태를 보고 학춤을 추었던 것처럼.

2000년에 촬영한 철원평야 /진익태

2015년에 촬영한 철원평야 /진익태

■ 철원 두루미학교

철원 두루미학교는 2000년에 처음으로 두루미 등 철새의 생태를 학생들과 일반인에게 알려야겠다는 의지로 문을 연 곳이다.

처음에는 겨울과 여름에 두 차례 학교를 열어 두루미의 생태를 익히고, 탐조를 통해 두루미를 배우고, 래프팅을 하면서 한탄강의 아름다운 비경을 몸으로 느낄 수 있게 했다. (지금은 한탄강 체험을 진행하지 못하고 있다)

▲철원 두루미학교에 온 어린이들이 그린 그림과 수료생들의 모습 /진익태

■ 두루미학교 안내

두루미학교는 매년 겨울 철원에서 개최된다. 건전한 청소년육성사업으로서, 겨울철에 특색 있는 철원의 자연환경과 월동하는 새들을 관찰하고, 이를 토대로 애향심을 고취하기 위한 취지로 마련한 것이다.

학생들에게는 겨울 방학을 이용하여 지구상에 유일하게 두루미, 재두루미, 흑두루미 등이 함께 월동하는 철원에서 자연과 더불어 환경의 중요성을 배우고 조류 사랑 정신을 키울 수 있는 좋은 기회다. 현재 두루미학교는 9회까지 실시되었다.

특히 도시에 살고 있는 학생들에게는 자연과 더불어 두루미와 재두루미, 기타 여러 겨울철새들을 직접 관찰하고 배울 수 있는 좋은 자연 학습장이다.

* 두루미학교 계획

목적: 철원의 자연환경과 월동하는 새들에 이해와 관찰

대상: 초등학교 4학년 이상 40명

시기: 매년 1~2월

장소: 강원학생통일교육 수련장(구 정연초등학교)

* 신청서 접수

접수 장소: 철원군 청소년회관

접수 방법: 온라인접수, 이메일 hak-school@hanmail.net, cafe.daum.net/turumi

(단, 이메일 접수는 소정의 양식지를 첨부하도록 한다.)

* 두루미학교 교육 과정

새, 벌레소리(노래) 듣기

야생동물 보호의 필요성(이론)

슬라이드 및 비디오 시청(새 그림, 외국 사례 등)

관련 장비 조작 및 실기(쌍안경, 필드스코프, 계수기 등)

그림 그리기, 자유 토론, 소감(문) 발표

현장학습(동송, 토교저수지 등)

모니터링, 보고서 작성 요령, 수료식

김 신 환

충남 서산 대산 오지리 자각산 아래 작은 마을에서 태어났다. 시립서울농대 수의학과를 졸업하고, 건국대학교 수의과대학에서 수의임상학 석사학위를 받았다. 대관령 삼양축산과 서산 삼화목장 수의사를 거쳐 1976년부터 홍성에서 홍성종합동물병원을 운영했다. 1988년에 고향 서산으로 옮겨 김신환동물병원을 개업하고 정착했다.

서산·태안환경운동연합 공동의장, 조류보호협회 고문으로 활동하고 있으며, 삼성중공업 기름유출사고 특별위원회 위원장으로 활동했다.

현재는 충남환경정책자문위원, 한국물새네트워크 이사, 충남수의사회 이사, 충남수의사회 서산지회장으로 활동 중이다.

야생조류
먹이나누기
대장정
_천수만

김신환동물병원 원장 김신환

꾸르룩, 꾸르룩······ 천수만 농경지에서 먹이를 먹던 흑두루미들은 해가 지면 잠자리인 간월호 모래톱으로 날아오면서 특유의 울음소리를 낸다. 5마리, 20마리, 50마리······ 흑두루미가 총 400마리에 황새도 2마리 끼어 있다. 세찬 겨울바람에 손이 곱고 발은 시리지만, 흑두루미의 우아한 날갯짓에 추위를 잊는다.

붉게 물든 저녁노을 아래 간월호에서 흑두루미 모니터링을 하고, 흑두루미들이 모두 잠자리인 모래톱에 내려앉은 것을 확인한 후, 흑두루미 먹이로 벼 690kg을 '먹이나누기' 했다. 집에 돌아와서는 과연 먹이를 둔 곳에 흑두루미들이 찾아올까 설레어서 흥분한 탓에 선잠을 자고 날이 밝자마자 천수만으로 달려갔다. 마음은 두 근 반 세 근 반······. 아침 동이 트면서 꾸르룩 꾸르룩 멀리서 흑두루미 울음소리가 들려온다. 망원경을 꺼내 소리가 들려오는 곳을 확인하니 내 눈을 의심할 정도로 많은 흑두루미들이 먹이터에 몰려 있었다. 열심히 먹이를 먹고 있는 흑두루미들, 서로 자리다툼을 하는 녀석들······. 정말 장관이었다. 아름다운 한 폭의 그림이다. 과연 어떤 화가가 이보다 아름다운 그림을 화폭에 그려낼 수 있을까? 자연의 선물이다. 도저히 흥분을 감출 수가 없었다.

▲ 천수만 /NASA (Public Domain)

이렇듯 흑두루미들이 찾는 천수만은 어떤 곳일까?

천수만은 태안반도에서 쭉 남쪽으로 뻗어 나온 듯 놓여 있는 안면도와 내륙의 홍성군·서산시 사이에 끼어 있는 만이다. 만은 남쪽이 바다로 열려 있다. 조석간만의 차가 크고 수심이 얕은 편이라 김과 굴의 양식이 활발한 곳이다. 그런데 1980년부터 시작된 대규모 간척 사업으로 천수만 북쪽의 두 곳을 방조제로 막아서 만들어진 것이 간월호(A지구)와 부남호(B지구)이다. 이 호수가 생겨나면서 과거 갯벌이던 곳이 대규모 농경지로 탈바꿈했다.

나는 가로림만의 입구인 서산시 대산읍 오지리1구에서 태어나 가로림만의 풀등에 올라와 있는 점박이물범과 함께 어린 시절을 보냈다. 그 당시에는 점박이물범을 물개라고 했었다. 객지 생활을 끝내고 서산으로 돌아와 수의사 생활을 시작한 것이 1988년이었다. 이후 서산·태안환경운동연합 회원이자 조류보호협회 서산지회 회원으로 활동하면서 가로림만과 천수만의 중요성을 새삼 깨닫게 되었다. 당시에

해 질 무렵 간월호로 날아와 모래톱에 내려앉는 흑두루미들

400~500마리의 흑두루미들이 천수만을 찾았다.

석양을 배경으로 나는 흑두루미들

노을 지는 천수만 풍경

/김신환

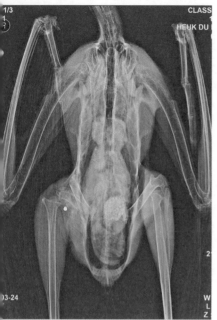

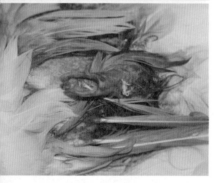

는 밀렵이 성행하여 새들이 총상을 입거나 농약에 중독되어 입원하는 일이 잦았다. 농약 중독은 해독제로 치료하기도 했으나, 총상으로 뼈가 부러진 새들은 부상 부위를 절단하여 생명을 연장하는 것이 고작이었다.

한 해에 80~120마리의 조·수류들이 이런 저런 이유로 다쳐서 병원에 들어왔지만 치료를 마치고 자연으로 방생되는 경우는 극히 드물었다. 그 당시만 해도 야생동물 치료는 동물원에서만 이루어지고 있었으며, 수의학과에서도 가축(소, 돼지, 닭, 토끼 등)의 질병에 대해서만 가르치고 있었기 때문이다. 당시의 내 실력으로 야생동물을 치료하기에는 역부족이었으나 동물원 수의사들과 상의하고, 또 서울대학교 유전자센터에서 환경부와 연계하여 설립한 야생동물 치료소에서 정말 많은 도움을 받았다. 지금은 전국 곳곳의 야생동물구조센터에서 다친 조·수류들의 치료를 도맡아 하고 있다.

2004년에는 야생동물과 공존하면서 함께 더불어 살아가자는 의미로, 조류보호협회 서산지회와 함께 그동안 다친 조·수류들을 찍어놓은 사진을 가지고 작은 사진전을 열었다. 무엇보다 많은 시민들이 우리가 자연, 또 그 안에서 우리와 함께 있는 동물과 더불어 살아가고 있다는 생각에 공감해주었으면 했다. 다행히 많은 사람들의 호응을

◀ 농약에 중독되었다가 치료를 마
치고 건강해진 말똥가리

◀ 건강해진 말똥가리를 자연으로
돌려보내다

◀ 병원 앞에서 열린 작은 사진전
/김신환

얻을 수 있었다.

2007년에 태안 앞바다에서 일어난 삼성중공업 허베이스피리트호 원유 유출 사고로 원유에 오염된 뿔논병아리를 찍은 사진이 있었다. 이 사진이 화제에 오르고 치료 후 방생하는 과정이 매스컴에 보도되면서 좋은 변화가 일어났다. 수의사들이 야생동물도 치료하고 있다는 사실이 알려지고 야생동물을 보호해야 한다는 인식을 가진 이들이 늘어나면서 지금은 참새가 다쳤다는 신고가 들어올 정도로 시민들의 관심이 많아졌다.

망원 렌즈를 구입하고 본격적으로 천수만 탐조를 시작하면서 많은 새들과 가까워진 것은 2005년 5월 무렵이었다. 나는 곧 흑두루미에 끌렸다. 흑두루미는 화려하지도 않고 특별히 예쁘지도 않지만, 수묵화나 흑백사진 또는 우리 고전의 민화를 보는 듯 단아한 아름다움이 있어서 제일 좋아하는 새다. 울음소리나 날아오르는 모습이 우아할 뿐 아니라 도도한 자태 역시 으뜸이다. 어찌 사랑하지 않을 수가 있을까!

조류보호협회 서산지회에서는 2001년부터 시민들과 일회성 먹이나누기 행사를 해왔다. 사람들이 직접 새들의 먹이터로 들어가서 먹이를 나누어주는 행사다. 사실 나는 이런 일회성 행사를 별로 좋아하지 않았다. 왜냐하면 사람을 위한 행사가 아니라 새들에게 도움이

▶ 1 태안 원유 유출 사고로 유출된 원유에 오염되어 폐사한 뿔논병아리
2 바다로 흘러나온 원유를 뒤집어쓴 뿔논병아리의 사진이 사람들의 마음을 울렸다
3, 4 건강을 되찾은 뿔논병아리를 자연으로 돌려보냈다   /김신환

흑두루미의 우아한 날갯짓

흑두루미와 사랑에 빠져 천수만을 찾는 사람들

/김신환

◀ 환경운동연합의 역사를 함께한 차량이 먹이나누기에도 힘을 보탰다. /김신환

되는 나눔이 되어야 한다는 생각이 있었기 때문이다.

　　그러던 중 천수만에서 본격적으로 겨울철에 새 먹이나누기를 시작할 수 있는 기회가 생겼다. 삼성중공업 허베이스피리트호 원유 유출 사고 때 중앙 환경운동연합에서 내려 보낸 더블캡 1톤 화물차를 폐차한다는 소식에 서산지회에서 그 차를 보험료만 내고 인수했기 때문이다. 이 트럭은 특히 새만금 사업 때 사용했던 것이어서 더 의미가 있었다.

　　2009년 10월 20일부터 시작한 천수만의 겨울철새 먹이나누기는 크고 작은 우여곡절을 겪었다. 하지만 많은 어려움 속에서도 지금까지 계속되었고, 앞으로도 계속될 것으로 믿고 있다. 먹이터가 어디인지 흑두루미들이 알아보고 잘 찾아오도록 안내하기 위해 설치할 두루미 모형을 제작할 때는 이런 일이 있었다. 비용이 만만치가 않아서 덕산에서 장승을 제작하시는 분께 모형 의뢰를 했다. 흑두루미 사진을 여러 장 준비하여 실물처럼 제작해주십사 요청했으나, 완성된 모형은 훌륭한 예술작품이기는 하되 우리가 기대한 모양이 아니었다. 결국 우리가 직접 색을 칠하기로 했다. 병원 바닥에 신문지를 깔고 익숙하지 않은 붓을 잡고는 땀을 뻘뻘 흘린 끝에 우리 마음에 쏙 드는 흑두루미 모형이 완성되었다. 흑두루미들도 새 친구를 마음에 들어하기를 바랐다.

먹이로 쓸 벼를 구입할 자금도 문제였다. 해피빈 모금으로 800여만 원이 모였고, 여러 조류 관련 웹사이트나 커뮤니티에 홍보를 하여 십시일반으로 모금된 액수가 300만 원 정도였다. 또한 현대영농법인에서 청취 600kg을 기증해주었고, 한 사료회사에서는 닭 사료를 보내주었다.

먹이터에 설치할 모형과 자금은 준비가 되었고, 마지막으로 먹이를 나눌 장소를 구하는 일만 남았다. 대양합명영농법인과 의논하여 논을 월 20만 원에 임대하기로 했다. 처음에 영농법인에서는 좋은 일을 한다며 임대료를 안 받겠다고 했으나 겨울철에 철새를 보호하면 농민들에게도 소득이 생긴다는 생각을 갖게 하고 싶었기 때문에 꼭 지불하고 싶었다. 하지만 영농법인에서는 결국 받은 임대료를 새 먹이로 돌려주었다.

천수만에서 겨울철새 먹이나누기를 해야겠다고 마음먹게 된 계기가 있다. 원래 천수만이 세계적인 철새도래지로 명성을 날리게 된 것은 가창오리 덕분이었다. 하지만 이 가창오리들이 점점 천수만을 등

◀ 흑두루미 예술 작품을 훼손(?)하
는 모습

◀ 먹이터에 설치한 흑두루미 모형
과 새 친구를 맞이하는 기러기들
/김신환

지고 금강이나 해남으로 옮겨 가기 시작했다. 그 이유는 이렇다. 현대 영농법인에서 이 농경지를 사용했을 때는 대형콤바인으로 수확을 했기 때문에 낙곡률이 20% 정도였다. 수확을 하면서 떨어진 낟알들이 이곳을 찾은 철새들의 먹이가 된다. 하지만 2009년에 천수만 농경지가 일반에 분양되면서 낙곡률이 5%대로 떨어졌다. 또 현대영농법인에서는 볏짚을 모두 분쇄하여 거름으로 썼지만, 일반 분양 후에는 곤포사일리지 형태로 만들어 모두 소 먹이로 사용했기 때문에 먹을 것이 없어진 가창오리들이 천수만을 등지게 된 것이다. 결국 천수만에 철새들이 다시 찾아올 수 있게 하는 방법은 없을까 고민하다가 일회성이 아닌 먹이나누기를 생각하게 되었다.

또한 흑두루미들은 거의 일본 이즈미에서 겨울을 나고 있다. 흑두루미들이 이렇게 한곳에 모두 모이면 전염병이 돌았을 때 개체수가 크게 줄어들 수 있어서 우리나라로 분산시키고 싶기도 했다. 처음 먹이나누기를 시작할 때, 자연에 인위적으로 간섭하는 것이 아니냐며 반대하시는 분들도 일부 있었다. 물론 지금도 그런 반대가 있다. 2014년 1월 16일 고창에서 조류 인플루엔자가 발병했을 때는 환경부에서 전국에서 이루어지는 먹이나누기를 금지하라는 지시가 내려왔다. 이때 중앙 환경운동연합과 협조하여 환경부 지시의 부당성을 지적하고 먹이나누기를 계속할 수 있게 했다.

먹이나누기의 중요성을 강력하게 주장한 것은, 2010년 태풍 곤파스에 천수만 벼농사가 바닷물 피해를 입어 백화 현상이 나타난 벼 500톤 정도를 수매하여 전량 천수만의 겨울철새 먹이로 나누어준 경

/김신환

가창오리들의 군무

간원호로 날아드는 가창오리들

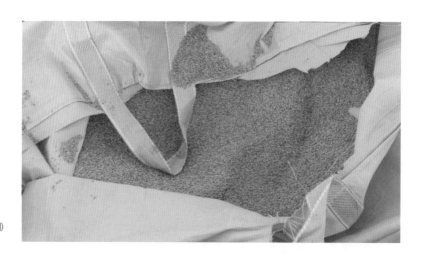

▶ 흑두루미들에게 나눠줄 먹이(벼)
/김신환

험에서 비롯됐다. 매년 초겨울에 천수만에 찾아오던 20~40만 마리
의 기러기들이 먹이가 거의 고갈되는 이듬해에는 근처의 농가로 모여
들었기에 농민들의 원성이 자자했다. 하지만 우리가 먹이나누기를 한
이듬해인 2011년 초에는 천수만에 먹이가 풍부했기 때문에 기러기들
이 근처 농가까지 갈 필요가 없었다. 축산인들은 미처 거두어들이지
못한 볏단에 쌓이는 기러기 배설물 때문에 매년 고민했는데, 그해에
는 기러기들이 덜 와서 그런 고민이 없어졌다며 좋아했다. 고창에서
발생한 조류 인플루엔자 때문에 전국에서 기존에 해왔던 먹이나누기
를 중지하면 그곳에서 먹이활동을 하던 철새들은 먹이를 찾아서 근
처 농가로 갈 수밖에 없다. 물론 이제는 사람이 하는 인위적인 먹이나
누기보다 어떻게 하면 자연과 조화롭게 공생할 수 있는 방법으로 영농
을 할 것인지 심각하게 고민할 때다. 기존의 생물다양성관리계약(벼 무
수확 존치, 볏짚 존치, 무논 조성 등)을 최소한 철새도래지에만이라도 더

욱 확대해야 한다. 과거의 영농 방식에는 보이지 않는 자연과의 나눔이 있었지만, 물질 만능의 자본주의가 만연하면서 인간의 욕심이 하늘에 닿았는지 점점 인간 이외의 생물이 살기 어려운 환경이 되어가고 있다.

　선조들은 감나무에 감을 남겨 겨울에 먹을 것이 부족한 새들이 쪼아 먹게 했고, 고사를 지낼 때는 고수레를 해서 자연에게 베풀어 왔다. 이런 것이 바로 자연과 함께, 더불어 살려는 생각에서 나온 풍습이 아니었을까? 벼 타작도 수확하고 난 마른 논에서 했기 때문에 낙곡이 자연스레 논에 남아 새들의 먹잇감이 되었지만 지금은 콤바

먹이나누기를 한 곳에 내려앉는 흑두루미들 /김신환

▶ 처음 먹이나누기를 시작할 때는
논에 먹이를 살포했지만 먹이가
물에 잠기거나 썩는 문제가 있어
농로에 뿌리는 것으로 바꾸었다.
/김신환

인으로 수확하기 때문에 점점 논에 떨어지는 알곡이 줄어들고 있다. 그렇다면 논에 일부러라도 먹이를 남겨두자는 생각으로 먹이나누기를 했다. 자연에 간섭하려는 것이 아니라 최소한의 나눔을 실천하고 싶었다.

모든 준비가 끝난 2009년 10월 20일, 벼 690kg을 논에 흩뿌렸고 흑두루미 200여 개체가 천수만에서 배를 채웠다. 벼를 논에다 흩뿌리다 보니, 물에 잠기거나 썩는 일이 문제가 되어서 먹이나누기 장소를 농로로 바꾸었다. 그런데 농로에 흑두루미들이 모여들면서, 새를 보러 온 탐조 차량이 드나들 때 오히려 흑두루미들이 스트레스를 받게 되었다. 결국에는 먹이터에 '인간' 출입금지 표지판을 설치할 수밖에 없었다.

처음 먹이나누기를 시작하고 정착되기까지, 우리가 설치한 출입금지 표지판에 일어난 모든 일들이 우리의 시행착오를 보여주는 듯하다. 누군가 표지판을 훼손하는 일은 다반사고, 표지판을 공기총으로 쏘는 사람도 있었다. 천연기념물인 큰고니, 흑두루미가 총상으로 폐사하는 일마저 생기고, 철근으로 만든 지주목과 체인까지 몽땅 도둑맞기도 했다.

혹시 논 주인이 농지에 볼일이 있어 출입할 경우가 있을지 몰라, 표지판에 연락처를 써두고 비밀번호로 열리는 자물쇠를 달아놓아 전화만 하면 열 수 있게 해두었으나 모든 것이 허사였다. 이 표지판 또한 성금으로 만든 것인데, 도둑맞은 다음에는 다시 철근으로 설치할 수가 없어 농가에서 버린 고추 지지대를 이용하고 체인 대신 로프로 매달았다.

꼭 출입해야 하는 분은 언제라도 줄만 풀면 들어갈 수 있게 해두었는데도, 지지대를 통째로 수로에 버리고, 로프를 다 끊어놓는 일이 여전히 일어났다. 하지만 나더러 먹이터에 더 자주 들르라는 의미로 생각하고 기쁜 마음으로 보수하고 또 보수하곤 했다. 이런 상황을 알게 된 환경운동연합, 한국야생조류협회, 한국두루미네트워크, 서산풀뿌리시민연대 등에서 동참하기로 하여, 출입금지 표시판에 그 단체들의 이름도 등재했으나 그 노력마저 허사가 되었다. 결국 남은 것은 내 손으로 열심히 보수하는 방법뿐……

먹이나누기를 할 때는 적어도 오후 4시쯤 병원에서 출발하여 간월호까지 가는 길에 천수만에 도착한 겨울철새들을 해미천에서부터 모니터링하면서 시작한다. 노랑부리저어새 70마리, 황오리 200마리, 잿빛개구리매 1마리, 검독수리 2마리, 뿔논병아리 170마리, 흰뺨오리 6마리, 흰꼬리수리 6마리, 혹고니 유조 1마리, 큰고니 500마리……

먹이터에 도착하면 벼 먹이가 얼마나 남아 있는지 보고, 간월호

▲ 숱한 고난을 겪은 출입금지 안내판들 /김신환

130

모래톱에서 흑두루미의 개체수를 확인해 오늘 나누어줄 벼의 양을 계산한다. 그리고 흑두루미들이 모두 모래톱에 내려앉는 것을 확인한 후 다시 먹이터로 와 먹이를 농로에 뿌려준다.

오늘 온 흑두루미는 2,000마리, 먹이는 거의 없음. 고로 뿌릴 벼는 1톤.

해는 이미 지평선 아래로 떨어져 어둠이 깊었지만 수십만 기러기들의 울음소리가 천수만에 울려 퍼지고, 내 마음은 두둥실 떠 있는 보름달까지 솟아오른다. 그래서 나는 행복하다.

먹이나누기를 할 때는 사람이 많이 필요하지 않다. 먹이를 실은 차량을 운전해줄 사람 하나와 벼를 나누어줄 사람 하나면 충분하다. 하지만 보통은 혼자 일을 하곤 한다. 어두운 밤에 자원봉사자를 모시기가 쉽지 않기 때문이다. 가끔은 흑두루미들을 관찰하러 오신 탐조가들이 자원봉사에 나서주기도 한다. 함께한다는 것은 늘 즐겁고 행복하다. 또 이때 먹이값에 보태라며 성금을 선뜻 주시기도 한다. 눈이 많이 내려 1톤 화물차가 눈길에 나서지 못하면, 벼를 포대에 담아 내 사륜구동차를 끌고 나간다. 처음에는 눈이 녹기만을 무작정 기다렸다. 그런데 어느 해에 폭설이 내려 며칠을 먹이를 주지 못하고 애만 태우다가 아내가 흑두루미들이 배고프겠다며 걱정하는 소리에 정신이 번쩍 들었다. 당장 마대를 구입해 벼 300kg을 사륜구동 차량에 싣고 나갔다. 이때부터는 눈이 많이 오더라도 걱정하지 않고 좀 더 자주 먹이나누기를 할 수 있었다. 일본의 이즈미에서는 매일 먹이나누기를 하는데 우리가 그럴 수 없는 이유는 천수만을 찾는 새들의

▲ 먹이나누기를 할 때마다 보는 아름다운 석양 / 김신환

개체수가 늘 일정하지 않기 때문이다. 먹이터에는 흑두루미만 오는 것이 아니라, 기러기, 메추라기, 흰뺨검둥오리, 청둥오리, 또 고라니들도 와서 먹고 간다.

이제 본격적으로 내가 보아온 천수만 흑두루미에 대한 이야기를 풀어보려 한다.

흑두루미들은 겨울철새로, 시베리아에서 번식하고 겨울철에 한국 순천만과 일본 이즈미로 가기 위해 천수만에 잠시 들른다. 매년 10월 말쯤 도착하여 12월 말쯤 간월호가 동결되어 잠자리가 없어지면 모두 떠났다가 1월 말이나 2월 초에 천수만으로 돌아오곤 한다. 오래전에는 한국 대구 고령군에서 6,000~7,000여 개체가 월동했지만 개발로 인해 모두 이즈미로 이동했고, 그 후로는 이즈미로 가는 길에 잠시 머물기만 했다. 이후 언제부턴가 순천만에서 300~400여 개체가

◀ 폭설에도 개의치 않고 먹이나누기를 하는 자원봉사자자들
/김신환

월동을 시작했고, 천수만에서는 150여 개체가 월동하는 듯하다가 1월에는 순천만 또는 이즈미로 이동했다. 3월에 북상할 때는 많으면 800~1,000개체가 천수만에서 관찰되곤 했으나, 2009년 먹이나누기를 시작하면서 점점 개체수가 늘어나기 시작했다. 4대강사업으로 구미·해평습지가 없어지면서 중부로 이동하던 많은 개체들이 제주도를 경유하여 서부 해안으로 이동하는 것으로 경로가 변경되었고, 2015년에는 흑두루미 거의 모든(12,000) 개체가 천수만을 경유하고 있는 것으로 추정된다. 천수만에 오는 흑두루미 개체수 변화를 보면 2009년 200여 수, 2010년 273여 수, 2011년 400여 수, 2012년 2,056여 수, 2013년 3,000여 수, 2014년 3,000여 수, 2015년 4,183여 수 등으로 매년 증가하고 있다는 것을 알 수 있다. (이 흑두루미 개체수는 그해 천수만을 다녀간 개체수가 아니고 한 번 모니터링할 때 가장 많았던 개체수를 기록한 것이기 때문에 천수만을 거쳐 이동한 총 개체수는 이보다 훨씬 많을 것이다.)

2014년부터는 순천만의 황선미 님, 한국두루미네트워크 이기섭 박사와 모니터링 결과를 공유하고 있다. 그 결과 천수만에 들른 흑두루미들이 순천만과 이즈미로 이동하고 있는 것을 확인할 수 있었으며, 3월에 되돌아올 때 이즈미에서 북상하는 개체수를 알 수 있어 먹이나누기 할 때 벼의 양을 조절하는 데 많은 도움을 받고 있다.

▶1 검은목두루미
 2 재두루미
 3 시베리아흰두루미
 4 캐나다두루미
 5 황새
 6 뜸부기   /김신환

천수만은 이렇듯 겨울철 흑두루미 도래지로 급부상하고 있다. 그런데 이것이 좋기만 한 일일까?

천수만의 대표적 철새였던 가창오리가 떠나는 것을 보면서 우리가 자연을 어떻게 대해야 할지 곰곰이 생각해봐야 할 필요를 느꼈다.

2000년 처음 탐조를 시작하면서 천수만에서 촬영한 새들은 약 350여 종이었다. 천연기념물 흑두루미를 비롯하여 두루미, 검은목두루미, 재두루미, 시베리아흰두루미, 캐나다두루미, 황새, 검독수리, 노랑부리저어새, 저어새, 참매, 항라머리검독수리, 독수리, 개구리매, 알락개구리매, 새매, 잿빛개구리매, 흰꼬리수리, 참수리, 흰죽지수리, 황조롱이, 조롱이 등이 찾는 천수만은 여름철새, 겨울철새들의 낙원이었다.

특히 장다리물떼새가 한국에서 처음으로 번식한 곳이 천수만이다. 이후에 장다리물떼새는 서산시를 상징하는 새가 되었다. 허나, 농지가 일반 분양되면서 번식지가 사라져 지금은 거의 번식을 못 하고 있는 실정이다.

올해 9월에는 교원대에서 인공 번식한 황새 8마리를 예산 광시 황새공원에서 방생했다. 방생하는 곳은 유기농법으로 농사를 짓지만, 한국에 오는 황새는 거의 모두가 천수만으로 모여든다. 이번에 도연 스님과 함께 황새 인공 둥지를 제작하여, 서산시에 기증한 것도 이와

◀ 1 황새 인공둥지를 세우다
  2 황새 먹이나누기
  3 황새가 좋아하는 미꾸라지
  4 천수만을 찾아온 봉순이와 미호 /김신환

무관하지 않다.

또한 일본에서 방생한 황새 J0051 '봉순이'와 교원대에서 잃어버린 B49 '미호'도 천수만으로 왔다 갔다. 예산에서 방생한 황새도 천수만으로 올 것이 자명하다.

문제는 천수만이 유기농법으로 농사를 짓는 곳이 아니라는 것이다.

현대영농에서 농사를 짓던 때는 장마철만 되면 간월호와 논에서 많은 양의 미꾸라지를 잡아 소득을 증대할 수 있었다. 고(高)어독성 농약 사용을 자제했기 때문에 가능했던 일이다. 장마철이면 하루에 1억 원어치 정도의 미꾸라지가 잡혀서 20억~30억 정도의 소득을 낼 수 있었다. 그러나 농지가 일반 분양되면서부터는 물고기에 독성이 강한 농약을 사용하면서 미꾸라지가 거의 없어졌다. 지금은 황새 먹이로 미꾸라지를 방생해야 하는 상황에까지 이르게 되었다.

천수만 B지구는 기업도시가 되어 골프장, 공장으로 변했지만, 최소한 A지구만이라도 자연과 상생할 수 있어야 하지 않을까. 천수만 일대를 하루빨리 유기농 농사로 전환해야 하는 이유다.

매년 10월 말에 천수만에 도착한 흑두루미들은 12월 말부터 이듬에 1월 말까지는 천수만을 떠났었지만 2014년부터는 최소 7개체가 월동하기 시작했다. 즉 천수만이 흑두루미의 월동지가 되어간다는 의미다. 그러니 이제 서산시와 홍성군에서 대비책을 세울 때가 되었다.

순천보다 더 많은 흑두루미들이 천수만을 찾고 있으니, 천수만은 흑두루미들이 편히 쉬어 갈 수 있는 곳이 되어야 한다. 이즈미나 순천만에서 그리하듯이 울타리를 치고 무논을 조성하고, 전망대를 설치하여 흑두루미들도 편히 쉴 수 있고, 탐조가들도 흑두루미를 보호하면서 탐조할 수 있는 배려가 필요하다. 천수만이 흑두루미의 월동지로 자리 잡고 인간과 자연이 더불어 함께하는 그날이 빨리 오기를 손꼽아 기다린다.

• 그동안 천수만 겨울철 새 먹이나누기에 협조해주신 모든 단체와 개인들께 진심으로 감사드립니다. 김신환.

전 영 국

현재 순천대학교 컴퓨터교육과 교수로 재직하면서 한국질적탐구학회 학회장을 맡고 있다. 창의발명디자인센터를 이끌면서 과학과 예술을 접목시키는 창의적인 프로그램을 다수 개발하여 운영했다.

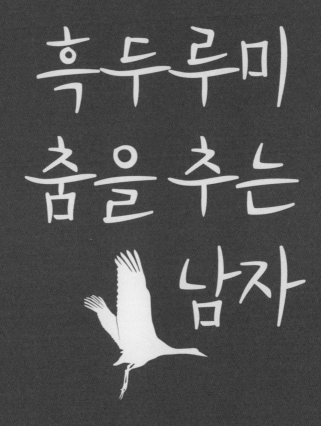

흑두루미
춤을 추는
남자

순천대학교 컴퓨터교육과 교수 / 창의발명디자인센터장 전영국

순천의 검은 두루미를 만나다

나는 순천에 산다. 내가 사는 용당동에서 순천대학교까지 동천변을 따라 걸어가다 보면 잔잔한 물 위에 떠 있는 꽃잎과 그 속에서 한가로이 노니는 물고기들을 쉽게 볼 수 있다. 마치 정원을 거닐 듯 천천히 걸으면서 나는 그 옛날에 있었다는 환선정(喚仙停)을 상상하곤 한다.[1] 동천변의 저 어디쯤 서 있었을 정자에는 신선이 내려와 탁 트인 경관을 보면서 무예와 풍류를 즐겼을 것이다.

상상의 정자인 환선정을 지나서 동천변의 지류를 따라 왼쪽으로 올라가면 순천대학교 후문 쪽으로 연결되는 개울을 만나게 된다. 환경생태복원 사업을 통해 새롭게 단장한 이곳에서 이전의 자연스런 물줄기와 구불구불한 돌무더기는 보기 어렵게 되었다. 하지만 그 대신 말끔한 정원 같은 산책길이 마련되어 있다. 이곳을 지날 때면 늘 휴식을 취하고 있는 백로인 듯한 흰 새를 만나곤 한다.

10월 말부터 순천만에는 북쪽에서 철새들이 날아오는데, 흑두루미들은 2000년 이후부터 찾아오기 시작했다고 한다. 지금은 그 수가 점점 늘어서 2014년에는 천 마리가 순천을 찾았다. 그래서 순천시는 '천학(千鶴)의 도시'라고 자랑을 한다. 그런데 정작 나는 두루미가 학이라는 사실을 몰랐다. 2011년이었던가, 순천시 갈대축제에 마련된 흑두루미 부스에서 여러 가지를 살펴보다가 두루미가 학이라는 사실을 알게 되었다. 그때를 생각하면 조금 창피하지만, 나는 여전히 "두루미와 학이 다르냐?"고 물어보는 이들을 종종 만난다. 사람들은 두루미에 대해서는 잘 몰라도 학이라고 하면 금방 알아듣는다. 흑두루미는 검은 학, 바로 현학(玄鶴)이었던 것이다.

이렇게 흑두루미라는 새에 관심을 가지게 되었으나 막상 아는 것은 거의 없었다. 그런데 순천만정원박람회에서 할 공연을 준비하느라 흑두루미에 관해 더 알 필요가 있었다. 흑두루미의 몸짓을 공연에서 풀어내려면 조류 전문가의 도움을 받아야 했다. 그래서 흑두루미 전문가를 수소문하던 중에 만나게 된 김인철 씨는 이 책의 저자 중 한 분이기도 하다. 그는 친절하게 흑두루미에 관한 사진과 논문 등을 제공해주었다.

▲ 순천시가 개최한 갈대축제에서 동천변에 등장한 흑두루미 조형물 /전영국

자료를 보니 두루미의 춤에 담긴 사회적 습성(두루미는 왜 춤을 추는가?)에 관한 내용도 있었고, 순천만에 날아오는 흑두루미 개체수를 조사한 내용도 있었다. 흑두루미

가 순천만에 날아오게 된 것은 불과 15년밖에 안 된 일이다. 아마도 순천만의 생태계가 잘 보존되었기 때문일 것이다. 그런데 마치 「흥부전」에 나오는 제비 이야기처럼, 흑두루미에 얽힌 이야기가 하나 있다는 것을 알게 되었다. 한 소년이 다리와 날개를 다친 흑두루미를 잘 보살펴주어서 그 보답으로 흑두루미가 순천만에 많이 오게 되었다는 이야기였다.[2]

'순천만 흑두루미' 이야기는 감동적이었다. 그 전에는 그런 이야기가 있다는 것도 몰랐거니와 순천만의 생태에 대해서도 별 관심이 없었다. 그저 순천에 살고 있으니 가끔 순천만에 들렀고 동천변에서 열리는 축제에서 흑두루미 조형물을 만나보곤 한 것이 다였다. 하지만 무예와 춤을 기반으로 한 공연활동을 하면서 자연스레 순천만의 흑두루미에 관심을 가지게 된 것이다. 옛날이야기 중에 "왕산악이 검은 고(거문고)를 타고 있으려니 검은 학이 날아와서 춤을 추었다."는 것이 있는데 그 '검은 학'이 바로 흑두루미일지도 모른다는 상상을 해보았다. 흑두루미 관련 예술활동을 순천의 대표적인 공연으로 내세울 수 있을 것 같다는 생각이 들었다.

흑두루미의 몸짓을 춤으로 풀어내다

순천에는 학과 관련된 지명이 여럿 있다. 순천만 인근에는 '학동'이라는 마을이 있고, 순천에서 구례 방향으로 가는 길에 있는 송치재 터널에 다다르기 전, 오른편에 위치한 산이 학의 날개처럼 생겼다고 해서 이름 붙은 학구리(鶴口里)라는 마을도 있다. 그리고 순천에 이웃

◀ 학의 자세를 응용한 흑두루미
무예와 춤을 시연하고 있다.
/전영국

한 광양의 백운산 인근에는 청학동과 백학동이 있다. 이런저런 이유로 학은 우리에게 친근할 뿐 아니라, 장수와 행복을 가져다주는 좋은 이미지로 널리 알려져 있다. 우리나라의 학춤도 유명하다.[3]

그런데 가만히 생각해보니 나도 학과 같은 몸짓을 해본 적이 있었다. 2010년부터 무예 수련을 하면서 익혔던 동작이 생각났다.[4] '학이 허공을 바라보다' '학이 천하를 굽어보다'라는 의미를 담은 동작인데 한쪽 다리로 서서 몸의 균형을 잡는 어려운 자세였다. 나는 10년 이상 단전호흡의 한 갈래인 석문호흡을 익혀왔는데 그러다 보니 자연스레 무예 동작도 배웠다. 일월무예(日月武藝)를 익히면서 한쪽 다리로 서서 균형을 잡고 학처럼 무심하게 허공을 바라보거나 한쪽 손으로 날렵하게 먹이를 잡는 동작을 하다 보니 어쩌면 나도 학처럼 되고 싶었는지도 모른다.

내가 아는 무예 동작과 춤을 응용하면 흑두루미의 몸짓을 더 멋지게 해낼 수 있을 것만 같았다. 그래서 일월무예 캠프에 참가해 무예 동작도 더 배우고 현무(玄舞) 캠프에서 내면의 기운을 모으고 숨결 따라 흐르는 마음의 몸짓을 자유롭게 하는 연습도 했다.[5] 여러 사람들 앞에서 춤을 출 때마다 '학처럼 춤을 추는 것' 같다는 격려를 받고 힘을 내곤 했다.

일월무예와 현무를 하면서 체력과 실력을 쌓은 후에는 공연팀의 일원으로 순천대학교와 순천 조례호수에서 시연을 했다. 갈색의 무예복을 입고 자세를 취하면 흑두루미의 이미지와 잘 어울리는 듯했다. 순천만국제정원박람회 관련 국제심포지엄에서는 많은 사람들 앞에서 공연할 기회가 있었다. 순천만국제정원박람회의 모토인 '인간과

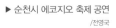
▶ 순천시 에코지오 축제 공연
/전영국

자연의 조화'는 석문호흡이 추구하는 바와 통하는 데가 있다. 2012년 3월 14일, 우리는 정원박람회와 관련된 국내외 학자와 약 500명의 공무원 및 시민이 참석한 가운데 일월무예 시연을 했다. 나중에 안 일이지만 공연을 본 사람들이 우리 시연팀 이름은 몰라도 일월무예팀이라고 하면 금방 알아보더라고 했다.

순천대학교 교수로 재직하고 있는 나는 대학생들에게도 가끔 무예 동작을 보여준다. 또 외국인 유학생들과 동아리를 만들어서 함께 연습하는 기회도 갖곤 한다. 2012년에 핀란드에서 6개월간 순천대학교에 유학 온 학생들은 한국의 전통무예인 일월무예에 상당한 관심을 보였다. 핀란드에서부터 교육과 예술을 접목한 분야에 관심이 있었으며 뮤지컬과 무용, 무예 등을 조금씩 해본 경험이 있는 학생들이었다. 매주 이들을 가르치고 함께 무예와 춤을 연습하면서 유학생들의 실력이 빠른 속도로 느는 모습에 보람을 느꼈다. 마침 순천시에서 개최한 평생학습 축제에서 시연할 기회를 얻어서 시민들이 보는 앞에서 이 학생들과 함께 일월무예와 일원무(여러 사람이 원을 그리면서 추는 춤) 등을 공연했다.

잔잔한 음악을 배경으로, 음율에서 느끼는 감정과 내면의 기운을 따라 몸을 움직인다. 공연 장소는 순천역이나 문화의 거리, 조례호수공원 및 국제습지센터 공연장 등 제각각이었지만 개의치 않았다. 흑두루미의 깃털 빛과 어울리는 흑색, 갈색 또는 흰색 공연복을 입고 무예 동작을 선보이면서 현무를 추었다. 보는 이에 따라 무예 같아

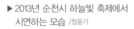

▶ 2013년 순천시 하늘빛 축제에서
　시연하는 모습 /정윤기

보이기도, 춤 같아 보이기도 한 몸짓에 어떤 관객은 우리를 찾아와 어디서 배울 수 있는지 묻기도 했다. 흑두루미 몸짓을 할 때는 새가 유유히 날개를 펼친 모습, 하늘을 가르는 모습, 솟구치거나 낙하하는 힘찬 동작을 부드럽게 표현하려고 노력했다.

순천만국제정원박람회가 열린 2013년을 기점으로, 순천에서는 많은 문화예술 공연이 이어졌다. 특히 2013년 4월 15일의 개막식 공연은 많은 사람들의 이목을 집중시켰다. '지구의 정원 순천만, 생명을 심다'를 주제로 한 공연 중간에 흑두루미 군무가 나오는 장면이 있다. 마치 순천만정원에 흑두루미 떼가 내려앉아서 서로 어우러지듯이 춤을 춘다. 공연을 직접 본 시민들도 그랬겠지만 순천만을 다시 찾는 흑두루미들도 저렇게 사람들과 어울려 함께 춤추고 싶어 하지 않을까. 이제 정원박람회 행사는 끝났지만, 순천만의 생태계를 보호하자는 취지에서 조성된 순천만정원이 이제는 우리 모두의 정원으로 거듭나고 있다.

순천만정원이 널리 알려지면서, 이듬해인 2014년에도 많은 사람들이 순천을 찾았다. 정다운 친구가 찾아올 때면 순천만이나 순천만정원에 들러서 산책도 하고 흥이 나면 춤을 추기도 한다. 순천만정원의 인공호수 다리를 건너 길을 따라 올라가면 조그만 휴식처가 나온다. 나는 10월쯤 찾아온 벗을 그곳으로 안내했다. 미리 준비해 간 흰옷을 입고 따스한 가을 햇살을 받으며 춤을 추었다. 음악을 따로 준비하지도 않았다. 내 벗이 노래를 부르고 나는 춤을 추었는데 햇살이 따사로워 가을 정취를 만끽하기에 모자람이 없었다. 그늘 아래에 앉아 쉬고 있던 관람객들도 우리의 작은 공연을 즐겼다. 이렇듯 자연 속에서 햇살과 바람을 타고 마음 가는 대로, 숨결이 흐르는 대로 몸을 움직이는 것이 순천의 풍류가 아닐까 싶다.

그런 뒤에는 순천만에 가서 갈대 구경도 하고 바람결에 나부끼는 갈대의 몸짓을 따라 걷기도 했다. 바람에 흔들리는 갈대 사이를 걷노라니 절로 흥이 나면서 춤을 추고 싶었지만 관광객이 계속 밀려오는 바람에 마냥 걸을 수밖에 없었다. '순천자는 흥하고 역천자는 망한다'고 했던가. 이렇게 숨결 따라, 바람 따라, 흐르는 마음으로 몸을 움직이면서 나는 하늘과 땅 사이에서 조화롭게 사는 법을 조금이나마 터득한 것 같다.

▶ 순천만정원의 호수동산에서 풍류를 즐기다 (2014년) /고연주

인간과 자연이 조화를 이룬다는 것은 무엇일까? 나는 어떻게 하면 흑두루미를 예술의 형태로 더 풀어낼 수 있을까 고민하던 중에 자연스럽게 흑두루미와 관련된 노래, 춤, 시 등을 접하게 되었다. 어느 날, 인터넷 검색을 하다가 흑두루미와 관련된 노래 하나를 알게 되었다. 피아니스트 임동창 선생의 곡이었는데, 어렵사리 구해서 들어보니 처음 들었을 때는 노래가 단조롭고, 고음이 느리게 진행되어서 흑두루미의 어떤 모습을 표현했는지 감을 잡기가 어려웠다. 음악에 맞춰 춤을 춰보고 싶었으나 당시에는 그냥 마음 한쪽으로 젖혀두고 말았다. 이 곡의 노랫말은 아래와 같다.

흑두루미
임동창 작사·작곡

파아란 하늘에 흑두루미 한 마리
날아 오른 길도 없고
나아―가야 할
길도 없네
파아란 하늘에 흑두루미 한 마리

흑두루미에 대한 노래가 있다면 춤도 있을 게 분명했다. 인터넷 검색을 더 해보니 이미 2011년경에 프랑스 무용수를 초청하여 흑두루미를 주제로 한 무용을 순천만에서 선보인 적이 있었다. 그래서 나는 언젠가 한번 임동창 선생님을 방문하여 흑두루미 예술에 대한 여러 가지 이야기를 듣고 싶었다. 마침내 2014년 10월경에 전주에 계시는 임동창 선생님과의 만남이 성사되었다. 흑두루미 창작춤에 관해 이야기를 나누다가, 선생님이 직접 피아노 연주를 하고 제자가 흑두루미 노래를 부르는 순간이 연출되었다. 그 연주와 노래를 듣는 순간, 나는 몸을 일으켜 음악에 몸을 맡겼다. 춤사위가 절로 나오며 흑두루미의 몸짓이 되었다. 그날 피아노 반주와 노래에 맞춰 흑두루미 춤을 춘 경험은 나에게 상당한 자극이 되었다. 두루미 춤사위가 그리 절로 나올 줄이야!

아이들과 함께, 흑두루미를 벗 삼다

나는 순천에 살고 있기에 그간 개인적으로 익혀왔던 무예와 춤을 흑두루미의 몸짓으로 승화하여 예술활동을 해나갈 수 있었다. 그렇기에 초등학생, 청소년들에게 내가 순천과 흑두루미로부터 받은 이러한 선물을 돌려주고 싶었다.

내가 이끌고 있는 순천대학교 창의발명디자인센터에서는 다양한 창의체험 프로그램을 운영하고 있다. 요즘 아이들이 학교생활에 적응하는 데 힘들어한다는 이야기를 듣고, 도움이 될 만한 재미있으면서 생기발랄한 프로그램을 구상하다 보니, '순천만 흑두루미'에 얽힌 이야기가 떠올랐다.

아이들에게 흑두루미의 모습이 담긴 영상을 보여주었다. 흑두루미가 서 있는 모습, 하늘로 날아오르는 모습, 하늘을 가르는 모습 그

◀ 두루미에 대한 영상을 보여주고
있다 /강권

리고 다시 땅으로 내려와 앉는 모습……. 두루미의 몸짓을 보고 있노
라면 특히 땅에 앉기 직전에 퍼덕이는 날갯짓이 참으로 아름답다는
생각을 하게 된다. 새가 하늘을 날다가 땅에 착륙하는 것이 예술이라
고 말하는 이유를 알 만하다.

영상을 보여준 후, 나는 연극 강사와 의논하여 아이들과 함께 간
단한 무예 동작과 몸짓을 자유롭게 표현하는 춤을 연습했다. 연극 강
사는 흑두루미 탈을 만들어보는 활동을 진행했다. 그다음에는 흑두
루미 이야기를 군무로 만들어서 표현해보는 작업을 하기로 했다.

아이들은 종이로 새의 모양을 본떠서 새의 부리가 툭 튀어나와 강
조되는 탈을 만들었다. 그 탈을 쓰고는 흑두루미의 걷는 몸짓, 두 날
개를 펼쳐서 비행하는 몸짓 등을 표현해보았다. 두루미는 가족 단위
로 뭉쳐서 살아가는 습성이 있으므로, 가운데에 앉은 아이들과 바깥
에서 날아 들어오는 아이들이 서로 다른 무리의 흑두루미가 되었다.

▶ 탈을 쓴 아이들이 흑두루미 군
무를 추고 있다 /강권

흑두루미 탈을 만들어보고, 몸짓을 따라 하고, 흑두루미를 그려
본 순천의 아이들이, 자라서도 흑두루미의 벗임을 잊지 않기를 바란
다. 더 나아가 생태계에 대해서 관심을 가지고 창의적인 예술활동도
해나가는 어른이 되기를……

천학의 도시답게, 순천에서는 흑두루미와 관련된 조형물과 그림을
쉽게 만나볼 수 있다. 11월 무렵에는 동천변에서 갈대 축제가 열리는
데, 갈대와 게뿐 아니라 흑두루미에 관한 조형물도 등장하곤 한다.

흑두루미를 그림으로 표현하는 것도 물론 재미있다. 순천만 전시
관의 한쪽 벽면에 걸려 있는 그림들에는 여러 마리의 흑두루미가 어
울려서 먹이를 먹는 모습과 멀리 한쪽 방향으로 응시하고 있는 모습
을 생생하게 표현되어 있다. 입체감이 있는 그림이다.

상사초등학교 아이들과 함께 흑두루미 춤을

나는 2014년 9월에 순천의 상사초등학교를 방문했다. 이 학교는 순천 상사댐 근처에 있다. 함께 석문호흡을 수련하던 벗 중에 이 학교 교사가 있었는데, 그의 부탁으로 아이들과 놀면서 춤추는 프로그램을 재능기부로 진행하게 되었다. 아마도 컴퓨터 관련 강의를 하는 대학교수가 여러 예술활동을 하니까 아이들의 진로 탐색 과정에 흥미로운 방향을 제시할 수 있을 거라는 생각에 나를 부른 것 같았다.

그 기대(?)에 부응하기 위해, 아이들 앞에서 컴퓨터 모니터를 본뜬 네모 박스를 머리에 쓰고 컴퓨터를 작동하듯이 춤을 추었다. 아이들의 반응은 너무나 좋았다. 너도 나도 춤추고 싶어 했다. 특히 4학년과 5학년 아이들이 끼도 많고 즐겁게 놀아주어서 일주일에 한 번씩 만나서 뭔가 하기로 약속을 했다.

10월 중순부터 다시 찾은 상사초등학교 교실에서, 소극적이고 활동에 적극적으로 참여하지 않는 아이들과 활발한 아이들을 함께 만났다. 나는 그런 아이들과 몸으로 하는 게임도 하고 '순천만 아리랑 플래시몹' 영상을 흉내 내 춤도 같이 추었다.

▲ 조형물. 실제 두루미보다 훨씬 크다.
▼ 순천만 전시관에 걸려 있는 흑두루미 그림

/전영국

흑두루미 춤을 추는 남자 **155**

이 무렵, 전주에서 임동창 선생님을 만나고 지역에서 흑두루미와 관련된 문화예술활동을 꾸준히 해보라는 격려를 받고 돌아오니, 열망 하나가 싹텄다. 흑두루미에 얽힌 이야기를 토대로 공연을 해보고 싶어졌던 것이다. 마침 상사초등학교에서는 11월에 학예회가 열릴 예정이었다. 이를 계기로 나는 아이들과 함께 공연에 참가해보기로 했다. 아이들에게 흑두루미 이야기를 들려주고, 아이들의 몸짓에다 약간의 이야기를 더해 안무를 짰다. 이렇게 아이들의 끼를 살린 간단한 무용극을 완성했다. 조그마한 공연이지만 아이들의 열정이 대단하여 새의 몸짓과 단체로 하는 플래시몹 안무를 거의 다 외우다시피 했다. 이렇게 우리는 많은 학부모와 친구들이 보는 앞에서 흑두루미의 몸짓을 자유로이 펼칠 수 있었다.

일이 되려고 그랬는지, 일주일 후에는 흑두루미 국제심포지엄에서 시연할 기회가 왔다. 순천 에코촌의 한옥 마당에는 국내외에서 온 심

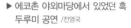

▶ 에코촌 야외마당에서 있었던 흑두루미 공연 /전영국

포지엄 참가자들이 모여들었다. 아이들이 사뭇 긴장하는 듯했다. 순천만이 바라보이는 마당에서 아이들은 검은 옷을 입고 흑두루미 몸짓을 선보였다. 관객들의 박수와 격려가 터져 나왔다.

교실에서 수줍어하며 따로 놀던 몇몇 아이들은 이렇게 몸으로 표현하는 활동을 통하여 자신감을 얻게 된 듯했다. 다른 아이들과 잘 어울리지 못하던 아이가 나에게 다가와서 "또 언제 공연해요?"라고 물으며 적극적인 의사표현을 하는 것을 보고 새삼 아이들이 성장하고 있음을 느꼈다. 아마 아이들도 음악과 몸으로 표현하는 활동을 통해 '흥'을 맛보았을 것이다. 특히 순천만 생태해설가들이 십시일반 보태어 만들어준 흑두루미 옷을 입은 아이들은 한층 더 자유롭게 날아오르는 것 같았다.

그해 12월이 지나고 2015년 1월이 되었을 때, 나는 겨울방학을 맞은 아이들과 함께 다시 놀고 싶었다. 아이들, 또 학부모들과 함께 모여 상의한 결과 일주일에 한 번씩 순천대학교에서 몸으로 하는 창의 체험 활동을 계속하기로 했다. 그런 아이들에게 뭔가 도전해볼 거리를 주고 싶었다. 창의력 올림피아드 대회에 나가보자는 내 제안을 학부모들은 흔쾌히 승낙했고, 우리는 '순천만 흑두루미'라는 팀명으로 2월 22일에 광명시에서 개최한 대회에 참가했다. 떨리는 가운데 열심히 경연에 참가한 아이들은 순천만 플래시몹을 비롯하여 다양한 즉흥 공연을 선보여 동상과 다빈치 특별상을 수상했다.

▲ 흑두루미 옷을 입고 해보는 날갯짓과 몸짓 /전영국

아이들과 함께 학예회 준비를 하는 과정에서 순천시 및 환경운동연합과 논의하여 참가하게 된 흑두루미 국제심포지엄을 준비할 무렵이었다. 심포지엄에는 우리나라를 비롯해 러시아, 중국, 일본 등의 흑두루미 전문가가 참석할 예정이라 각 나라의 학춤에 관한 자료를 찾아보았다.

예상과 달리, 외국에서 추는 학춤에 관한 자료를 찾기는 매우 어려웠다. 어린이들이 두루미를 소재로 한 무용과 발레를 하는 정도의 동영상을 구할 수 있었다. 러시아에는 백학(白鶴)에 얽힌 널리 알려진 노래가 있으니, 학을 주제로 한 발레 작품도 어디엔가 있을 것 같았다. 중국에는 황학거(黃鶴去) 등으로 널리 알려진 학에 관한 시가 전해져 내려오고 있으나[6] 학춤은 활발하지 않은 것 같았다. 다만 600년 전부터 중국 광동성 사계마을에 전해 내려오는 민간의 학춤은 중국의 대표적인 민속무용으로 알려져 있다. 또한 전통적으로 유명한 태극권 무예에서 호랑이와 학의 움직임을 형상화한 호학쌍형권(虎鶴雙形拳)이 전해 내려올 정도로 학에 대한 관심이 높았음을 알 수 있다. 그에 비하여 일본은 우리나라와 비슷하게 학을 숭상하고, 학이 달력을 비롯하여 다양한 문양으로 등장하지만 춤 같은 예술활동은 그리 활발하지 않은 것 같았다. 새의 날갯짓을 하려면 어깨를 사용해야 하는데, 아마도 일본인들은 어깨춤을 즐겨 추지 않기 때문에 그런 것이 아닌가 하는 생각이 들었다. 대신에 학에 관한 기악곡과 노래 등은 다양했다.

찾아낸 러시아와 한중일의 다양한 음악을 편집하여 흑두루미 춤의 반주로 준비했다. 러시아의 유명한 대중 가수가 부른 노래, 일본의 전통악기 샤쿠하치로 연주한 '학의 칩거', 중국의 기악곡과 임동창의 '흑두루미'를 사용했다.[7] 또 흑두루미 국제 심포지엄이니만큼 퓨전 형태로 여러 나라의 개성을 살리면서 흑두루미의 몸짓을 표현하려고 시도했다. 나는 먼저 참가자들에게 순천만의 흑두루미에 관한 이야기를 들려주었다. 이야기 속의 '나'는 물론 흑두루미다.

2000년의 어느 날이었던가요, 나는 일본에서 순천만으로 날아왔어요. 그런데 다리를 다치고 말았지요. 신음하고 있는데 어떤 소년이 나타나서 아픈 나를 집으로 데려가 돌보아주었어요. 며칠 후에 나는 회복되어 날 수 있게 되었어요. 그 소년에게 고마움을 표시하고 다시 만날 꿈을 꾸며 북쪽 시베리아로 날아갔어요. 러시아에서 겨울을 보냈죠. 나는 다시 순천만으로 찾아가서 나를 도와준 소년과 만나고 싶어요. 이제 나는 한국, 중국, 일본 음악에 맞추어 춤을 출 거예요. 마지막에는 러시아 음악에 맞추어 사랑을 노래할 거예요.

러시아 노래는 가사가 번역되어 있지 않아서 뜻을 알 수 없었으나 영문으로 소개된 내용을 보니 두루미의 울음소리를 내면서 사랑을 표현하는 내용을 담은 것 같았다. 나는 순천만 흑두루미의 이야기를 소개하면서 소년의 도움으로 회복한 흑두루미가 3월 말에 멀리 시베리아로 날아갔다가 11월경에 다시 순천만으로 날아온다는 내용을 통

▶ 흑두루미 국제심포지엄(국제습
지센터)에서 시연한 흑두루미 춤
/전영국

해 '사랑'을 담아내고자 했다. '두리'의 이야기를 담은 여수MBC의 다
큐멘터리에 따르면 실제로 두리는 순천만을 다시 찾지 않았던 것 같
다.[8] 그러나 소년은 북쪽을 바라보며 '두리'를 기다렸을 것이다.

심포지엄 참가자들은 우리나라에 와서 학춤을 보긴 했으나 흑두
루미를 소재로 한 춤은 처음 본 듯했다.[9] 흑두루미 전문가들과 생태
와 환경에 관심 있는 지역민들 앞에서 흑두루미 춤을 춘 것은 완성
도 여부를 떠나서 흑두루미를 소재로 한 창작활동 측면에서 상당히
고무적이었다. 많은 분들이 내 흑두루미 춤에 격려를 보내주고, 흑두
루미 옷과 또 연극 형태로 만드는 데 대한 조언을 해주었다.[10]

순천만에서 한 마리 흑두루미가 되다

이러한 조언과 격려를 바탕으로 좀 더 적극적으로 흑두루미 춤을 추

어보기로 했다. 흑두루미 심포지엄 참가자들과 새벽에 순천만 흑두루미 탐조를 하면서 나는 정말 놀라운 이야기를 들었다. 러시아 생태 전문가인 세르게이 박사(Sergei Smirenski)가 시베리아흰두루미와 함께 실제로 춤을 추어보았다는 이야기를 들려준 것이다. 빨간 모자를 쓴 세르게이 박사는 러시아 무라비오카공원에서 시베리아흰두루미를 보호하는 활동을 하고 있었다고 한다. 그런데 그때가 아마도 짝짓기를 하는 기간이었는지 두루미 한 마리가 그를 보더니 서서히 다가오다가 춤을 추더라는 것이다. 그는 놀라면서도 따라서 춤을 추었다고 한다.

흑두루미를 탐조하면서 들었던 이 이야기는 상당한 충격을 주었다. 두루미와 함께 춤을 출 수 있다니……. 그는 두루미와 춤을 춘 유명한 아치볼드 박사 이야기도 해주었다. 인터넷을 찾아보니, 아니나 다를까 실제로 춤을 추는 장면이 동영상에 담겨 있었다. 세계의 두루미 전문가들 앞에서 나는 한없이 작아질 뿐이었다. 얼마나 두루미를 사랑했으면 저렇게 같이 춤출 수 있었을까.

해가 서서히 떠오르고 저 멀리 순천만 갯벌 쪽에서 흑두루미 우는 소리가 들려왔다. 우리는 조용히 웅크리고 앉아서 흑두루미의 비행을 기다렸다. 새벽에 버스를 탈 때 누군가가 나에게 일출 때 흑두루미가 무리를 지어 날아오니 같이 한번 춤을 추어보지 않겠냐고 제안한 것이 떠올랐다. 하지만 흑두루미가 무리지어 나는 모습을 보고, 나는 그들의 비행을 방해하고 싶지 않아 숨을 죽였다. 서로 우는 소리를 주고받으며 날아가는 흑두루미들을 보던 생태해설가는 그들이 우리 때문에 상당히 긴장하고 있다고 알려주었다. 일출과 함께 보는 흑두루미의 비행은 아름다웠다.

순천만에 천 마리의 흑두루미가 찾아왔다는 소식에, 순천만에 나가서 춤을 추기 위해 순천시의 허가를 받았다. 2015년 1월 겨울방학, 순천만에 비디오카메라를 들고 나가서 흑두루미를 뒤에 두고 춤을 추었다. 일출 전에 순천만 인근에 도착하여 흑두루미의 활동에 방해가 되지 않도록 조심했다. 이제껏 춤춰온 것과는 완전히 달랐다.

순천만의 신선한 공기와 떠오르는 태양, 울음소리를 내며 비상하는 흑두루미의 모습을 보니 마치 내가 자연의 일부가 된 것 같았다. 차가운 겨울바람이 불어왔지만 나는 검은색의 짧은 상의와 바지를 입고 흑두루미가 된 듯 춤을 추었다. 생각만큼 잘되지는 않았지만 가끔 흑두루미 무리가 상공을 나는 모습을 보면서 예전보다 조금 더 그들에게 가까워진 느낌이 들었다.

일주일 후, 나는 새벽에 순천만을 다시 찾았다. 날이 밝아지기를 기다렸다가 화포 지역의 해변 쪽으로 이동했다. 해가 용산 동쪽에서 떠오르기 시작하자 흑두루미가 저 멀리서 날아오는 것 같아 서서히 몸을 움직이면서 춤을 추었다. '뚜룩 뚜룩' 소리가 들리더니 한 무리의 흑두루미가 멀리서 선회하다가 네 마리가 논밭에 앉았다. 가족인 듯한 그들은 밭에서 낙곡을 주워 먹고 있었다. 그중에 한 마리는 먼 곳을 응시하면서 망을 보는 듯했는데, 한 다리로 서서 다른 한쪽 다리를 흔들거리는 모습이 눈에 띄었다. 처음에 '다리를 다친 것인가?'

하고 생각할 정도로 이상해 보였는데 나중에 보니 두 발을 땅에 디디면서 날아올랐다. 아마도 아침을 먹은 후에 한가로운 한때를 보내는 듯했다.

자리를 옮겨 순천만의 동쪽에 위치한 장산마을로 이동했다. 썰물 때라 물이 빠진 뻘밭이 넓게 펼쳐진 곳에 자리를 잡고 춤을 추고 있으니 해가 천천히 떠올랐다. 나는 흑두루미의 자세를 상상하면서 뛰어올랐다가 사뿐히 내려앉은 후에 두 날개를 펼치고 서서히 비행했다. 숨을 고른 후에 한 손으로 하늘을 가리키는 몸짓을 하니 한 마리의 새가 나의 손끝을 따라서 같이 춤을 추는 듯 날아오르고 있었다. 마치 내가 순천만을 찾은 한 마리의 흑두루미가 된 것 같았다.

두루미와 사랑의 춤을 추는 외국의 벗들

외국에서 두루미를 보존하는 활동을 펼치는 전문가들을 만나보면 그들의 두루미에 대한 사랑을 느낄 수 있다. 앞서 소개했던 세르게이 박사가 러시아 무라비오카공원에서 시베리아흰두루미와 함께 춤추었던 이야기를 해주면서 들려준 아치볼드 박사의 춤 이야기가 있었다.[11]

조지 아치볼드 박사는 국제두루미재단(ICF)을 설립한 사람이다. 1976년에 ICF에 온 아메리카흰두루미는 멸종 위기에 처한 여덟 마리 중 한 마리였다. 텍스(Tex)라 불리는 이 두루미는 암놈이었다.

> "감금 상태에서 부화했던 텍스는 인간을 자신의 부모라고 각인했고, 특히 아치볼드를 따랐다. 아치볼드와 텍스는 아침 일찍 함께 산책을 하곤

했는데 그는 이때 텍스의 춤을 흉내 내곤 했다. 그 시절에 찍은 거친 비디오 영상은 젊은 아치볼드가 아침에 텍스의 나무 막사 문을 열어주면 텍스가 휘청거리며 길 위를 걷다가 그가 잘 따라오는지 뒤돌아보는 모습을 보여준다. 나중에는 그가 텍스를 흉내 내느라 웅크리고 앉아 양팔을 날개처럼 퍼덕이는 모습도 보인다."[12]

텍스가 번식을 해야 하는데, 문제는 도무지 짝짓기를 하지 않으려고 한다는 것이었다. 그래서 사람의 도움이 필요했다. 아무도 자원하는 사람이 없어서 아치볼드 박사가 두루미 우리 속으로 들어갔다. 우리에 있던 녀석은 '뿌르르' 소리를 내면서 아치볼드 박사가 따라오길 원하는 듯했다. 그가 따라갔더니 텍스가 성적 흥분 상태가 되며 점프를 하고 춤을 추기 시작하는 게 아닌가! 그때 아치볼드 박사도 같이 춤을 추었다. 이렇게 구애 의식을 치르는 사이에 재단의 두 연구원은 인공적으로 텍스를 수정시켰다. 마침내 텍스는 알을 낳았고 알이 부화되어 태어난 새끼 두루미는 '지 위즈(Gee Whiz)'라는 이름을 얻었다.

이 일화로 유명해진 아치볼드 박사는 유명한 조니 카슨의 〈투나잇

◀ 아치볼드 박사가 구애의 춤을 춘 뒤에 인공수정으로 태어난 새끼 두루미
▶ 아치볼드 박사와 아메리카흰두루미의 모습 /국제두루미재단[13]

쇼〉에도 출연하게 되었는데 출연 전날 밤, 불행하게도 텍스는 우리에 침범한 포식자에게 죽임을 당했다. 〈투나잇 쇼〉를 통해 이 소식을 들은 이천이백만 명의 시청자들은 탄식했다. 그러나 아치볼드 박사는 두루미와 춤을 추면서 진정한 평화를 느꼈다고 한다.

두 번째로 소개할 사람은 환경생태 전문가가 아니라 프랑스 현대 무용가인 뤽 페통이다. 그는 어렸을 때 해안가에 살면서 새와 친해졌다고 한다. 새와 함께하기를 매우 좋아하던 그는 성장하여 현대무용가가 되었다. 뤽 페통과 동료들은 새와 인간이 교감하는 느낌을 살려, 음악에 맞추어 새가 사람과 함께 춤추는 무용의 장르를 개척했다. 발레리나인 아내와 함께 프랑스 현대무용단(르 귀테르Le Guetteur)을 창립하여 무대에서 백조와 함께 공연을 펼치기도 했다. 그 이후에 그들은 두루미와 함께 춤을 추는 작품 '라이트 버드(Light Bird)'도 완성했다.[14] 그들은 동양의 학춤을 조사하는 과정에서 한국의 학춤에 대해서도 알았을 것이다. 그들은 마침내 한국을 방문하여 학춤을 추는 사람을 찾기에 이르렀다.[15]

새와 함께 춤을 추는 무용단 활동에 관한 기사를 읽고 놀라움을 금치 못했다. 새와 함께 무대에서 춤을 추다……. 알고 보니 그들은 새의 알을 인공적으로 부화하여 사육사, 무용가, 안무가와 공동 작업을 오랫동안 해오고 있었다.[16] 또 그들이 한국의 학춤을 현대무용에 접목하여 동양적인 현대무용을 토대로 창작활동을 하고 있었다는 사실도 놀라웠다. 한국의 현대무용가 두 명이 이 작업에 참여하고

있다고 한다. 그들은 두루미 전문가와 무용가, 음악가 등 예술가들과
협업으로 작품('라이트 버드')을 완성해 2015년 3월 프랑스에서 초연했
다. 그리고 2016년 4월에는 우리나라의 LG아트센터에서도 공연을 할
예정이다. 우리나라의 전통적인 학춤 또한 새로운 형태의 창작활동
으로 이어가는 적극적인 노력이 더 필요하지 않은가 하는 생각이 들
었다.

흑두루미의 꿈, 우리 모두의 꿈

흑두루미 춤을 추면서, 나는 절로 흑두루미에 관심을 많이 가지게
되었고 그런 관심은 그들의 생태에 대한 것까지 이어졌다. 순천만 흑
두루미 두리의 이야기 속에는 고난과 역경 속에서도 꿋꿋이 꿈을 잃
지 않고 비상하려는 처절한 노력이 녹아 있다. 두리는 마치 수도자의
모습과도 같았다. 그러나 다시 날갯짓을 할 수 있게 되어 비상했을
때, 모든 것이 해결된 것은 아니었다. 두리는 흑두루미 무리와 다시
어울려야 했고 시베리아까지 머나먼 장도에 오르기 위해 기류를 타
는 법을 터득해야 했으며 목적지에 다다르는 생존의 관문을 통과해

야만 했다.

마침내 머나먼 북녘을 향해 떠났던 흑두루미 두리의 꿈은 우리 모두의 꿈이다. 나는 비무장지대의 철책도 아랑곳하지 않고 한반도의 상공을 나는 흑두루미의 자유로움이 부럽다. 북한에도 두루미가 일정 기간 머문다고 한다. 나는 아치볼드 박사를 만난 적이 없지만, 그가 한반도의 두루미 생태계를 보호하기 위해 하는 활동을 통해 북쪽 두루미들의 생태에 대하여 조금씩 알게 되었다. 북쪽에는 두루미가 먹을 것이 부족하여 어려움을 겪고 있다고 한다. 북한에도 두루미춤이 있을까? 잘 알지는 못하지만 연변의 조선족이 전승한 학춤은 중국의 무형문화재로 지정되었다는 소식을 들었다.

순천은 흑두루미를 소재로 한 문화예술 창작활동을 하기에 매우 적합한 곳이다. 순천만에 날아오는 흑두루미는 하얀 단정학과는 다른 이미지를 가졌다. 순천만 탐조대에서 보고 있노라면 우아하다기보다는 수리와 같은 맹금류에 가까운 모습이라는 느낌이 든다. 나는 청소년들과 함께 그들의 힘찬 몸짓을 창의적으로 표현하는 활동도 계속하고 싶다. 흑두루미를 춤으로 표현하려면 흑두루미에 대해 먼저 알아야 한다. 흑두루미는 무엇을 먹고 밤에는 어디서 자는지, 날 때와 땅에 내려앉을 때 어떤 몸짓을 하는지. 이것이 바로 교육과 예술이 만나는 지점이다.[17]

나는 흑두루미 춤을 추면서 그리고 아이들과 흑두루미 관련 창의 체험 활동을 해나가면서 순천만의 흑두루미를 더 사랑하게 되었다.

또 더 나아가 순천만의 생태와 환경 그리고 더 넓게는 순천시와 한반도에 대한 관심과 애정도 자라났다. 흑두루미에 대한 애정이 싹트면서 자연스레 순천의 생태계와 환경을 바라보는 눈이 달라진 것이다. 아이들은 몸짓으로 무엇인가 하는 것을 좋아하고, 색다른 것을 창의적으로 쉽게 표현해낸다. 아이들과 '흑두루미 예술단'을 만들어보는 건 어떨까? 흑두루미와 관련된 문화예술활동은 창의적 활동이기도 하지만 생태와 환경에 대한 좋은 학습 매체임이 분명하다. 이 글에서 소개한 필자의 경험이 문화예술이 꽃피는 데, 그리고 환경과 생태에 대한 관심이 늘어나는 데 도움이 되었으면 하는 마음이다.

주

1. 순천 최초의 도시공원으로 소개된 환선정에 대한 기사를 〈순천광장신문〉에서 찾아볼 수 있다: www.agoranews.kr/news/articleView.html?idxno=3686

2. 순천만 흑두루미를 다룬 기사가 〈과학동아〉에 실렸다: www.dongascience. com/news/view/-49677/bef

3. 학과 연꽃을 주제로 궁중에서 전해져 내려오는 '학연화대합설무'는 중요무형 문화재 제40호로 지정되었다. 지방에는 양산 통도사에서 전해져 오는 양산학 춤과 부산시 무형문화재인 동래학춤 등이 있다.

4. 일월무예는 석문호흡을 바탕으로 바른 몸에 바른 숨을 통해 바른 마음을 일 깨우는 조화의 무예다. 석문호흡이란 석문 혈자리를 단전으로 잡고 호흡하는 수련법이다.

5. 현무(玄舞)는 진기를 타고 추는 춤이다. 석문호흡을 통해 진기를 모아 부드럽 게 타면 독특한 흐름이 생기는데 이 흐름을 타고 무의식의 몸놀림을 할 수 있 다. 현무에 관한 내용은 석문출판사에서 발간한 『석문도법』의 부록(397~399 쪽)에 실린 풍류편에 소개되어 있다.

6. 최호가 지은 칠언절구 「황학루」는 우리나라에서 '석인이 이승황학거허니'라는 우조질음 시조로 애송되고 있다.

7. 일본 음악은 료 구니히코(梁邦彦, 양방언)의 '千年鶴 哭弦'과 'Shakuhachi Tsuru no Sugomori'(학의 칩거), 러시아 음악은 Vitas가 부른 'Crane's Crying'을 사용했다.

8. 〈흑두루미의 꿈, 두리 날다〉 다큐멘터리는 여수MBC에서 제작되었으며 방 송국을 통하여 원본을 구입할 수 있다. 유튜브 동영상을 통해 다리를 다쳤 던 흑두루미가 회복하는 과정 일부를 시청할 수 있다: www.youtube.com/ watch?v=-I70MbBV5vA. 이 다큐멘터리의 내용은 동화작가 김자환에 의하여 『두리 날다』(대교북스 주니어)라는 제목의 책으로도 출판된 바 있다.

9. 2014년 11월 초에 흑두루미의 이야기를 소재로 한 창작 발레 '두리의 비상'이 순천문화예술회관에서 초연되었다.

10. 러시아의 세르게이 박사는 나중에 나에게 흑두루미 춤을 잘 보았다고 이메 일로 인사를 하면서 러시아에서 애송되는 백학 노래 가사를 영문으로 번역 하여 보내주었다.

11. 아치볼드 박사와 텍스(아메리카흰두루미)가 춤추는 장면과 인공수정에 관한 이야기를 들려주는 동영상: www.youtube.com/watch?v=fsDYhdaJL98

12. 두루미 보전 운동을 통해 남북한을 연결하는 조지 아치볼드 박사의 활동에 관한 신문기사: www.koreana.or.kr/months/news_view.asp?b_idx=3531&lang=ko&page_type=list

13. www.youtube.com/watch?v=rh6FJpBjQOA

14. 뤽 페통 무용단: www.lucpetton.com/uk-creation-dancers-red-crowned-cranes.php
두루미와 함께한 작품 '라이트 버드'를 소개한 기사: www.koreadance.kr/index/bbs/tb.php/re_webjin_03/90

15. 뤽 페통이 울산에 사는 학춤 무용인 최흥기 씨를 방문한 내용을 다룬 기사: www.iusm.co.kr/news/articleView.html?idxno=448012

16. 두루미 알을 인공적으로 부화하여 새끼 때부터 조련한 후에 공연을 시키는 점을 환경운동가들은 비판적으로 바라볼 수 있다는 점을 밝혀둔다.

17. 2014년 흑두루미 국제심포지엄에서 한국-일본-중국-러시아 간에 체결한 양해각서에는 흑두루미에 관한 문화예술교육을 국제교류를 통해 이어나가자는 내용을 합의한 조항이 있다. 향후에 흑두루미를 주제로 한 청소년들의 창의적 예술활동이 기대된다.

김 인 철

순천만 서쪽에 위치한 벌교에서 태어나 어린 시절을 갯벌에서 놀면서 자랐다. 대학생 때 순천만 보전 활동에 참여하면서 습지와 철새에 관한 일을 하게 되었다. 조류생태학을 전공하고 순천만자연생태관에서 조류 전문직으로 근무했다. 현재 환경운동연합 자연생태위원회 위원, 사)한국물새네트워크 이사, WLI Korea(국제습지연대 한국본부)에서 일하고 있고, 새와 습지에 대한 연구조사와 생태교육, 컨설팅 활동을 하고 있다. 펴낸 책으로 『순천만』(2013, 대원사)이 있다.

순천만
두루미
이야기

한국물새네트워크 이사 김인철

1

이슬의 시간이 서리의 시간으로 옮아가는 11월이 가까워지면 내 발걸음은 순천만으로 향한다. 온 산야가 붉어 수줍도록 부를 때 메아리 되어 내려오는 녀석들 때문이다. 안개가 잦던 10월 어느 날 한낮, 안개 걷히고 높아만 가는 푸른 하늘 뭉게구름 너머로 꿈인 듯 아스라이 두루미의 울음소리가 들린다. 바다를 향해 나아가는 산줄기를 따라 산을 그리며 날아가는 한 무리의 새. 올해도 어김없이 시절이 무르익으니 찾아왔구나. 붉어져가는 칠면초의 그리움이 절정에 이를 때 흑두루미들이 갯벌에 내려앉는다.

두루미와의 만남은 늘 떨림이다. 첫 도래하는 것을 확인하는 순간은 더욱 그랬다. 늘 안개 속 흐릿한 실루엣으로 나타난다. 진짜 왔나? 가끔 긴 목에 우아하게 걷는 왜가리에 속은 적도 있었다. 여기저기 살펴보고, 쌍안경을 들었다 놨다, 혹시 들릴지 모르는 울음소리를 찾아 귀를 쫑긋거리고……. 그때 하얀 장막 너머로 사람이 서 있는 듯 낯선 수십 마리의 그림자가 눈에 들어온다. 갑자기 심장 박동 수가 증가하면서 떨림이 멈추지 않는다. 흑두루미다. 연인과 첫 데이트에 꽃을 건네는 손길처럼 망원카메라를 들고 첫 만남을 담는다. 장시간의 비행이 힘들었는지 오랫동안 내린 자리에서 움직이질 않는다.

S자 갯강을 오가던 유람선의 물결도 잦아들고 산 그림자가 갯벌에 길게 드리울 때 하나둘 몸을 풀고 삼삼오오 갯골로 물가로 걷거나 날아간다. 긴 목을 아래로 내리고 벌린 아랫부리로 물을 뜨더니 머리를 하늘 향해 들어 올리며 물을 삼킨다. 노란빛의 어린 깃이 채 가시지 않은 새끼 흑두루미도 어미를 따라 생애 첫 겨울을 보낼 순천만의 물을 처음으로 맛본다. 흑두루미의 부리 안쪽 맛봉오리에 새겨진 물맛은 어떤 맛일까? 어린 시절 동네 형들에게 수영을 배우면서 무던히도 마셨던 갯물이 코끝을 찡하니 아리게 했었는데 그런 맛일까? 아니면 우리가 힘겹게 산을 오르다 만난 숲 속 옹달샘의 그 시원한 맛일까? 수천 킬로미터를 날아와 맛본 순천만의 그 물맛. 뒤늦게 도착한 또 한 무리의 흑두루미들이 잇달아 물가로 몰려와 그 물을 맛본다.

2

흑두루미를 처음으로 만난 곳은 순천만이다. 순천만에 흑두루미가 있다는 사실이 처음 공식적으로 알려진 것은 1996년이다. 한국전쟁 전까지만 해도 전국에서 흔히 보였다는 흑두루미는 당시 국내에서는 보기 드문 겨울철새였다. 1996년, 순천만에는 '무슨 일'이 있었다. 이 '일'이 흑두루미가 순천만에 살고 있음을 알렸고, 지금은 '생태도시',

순천만 전경 /김인철

'정원의 도시', '창조의 아이콘'으로 알려진 순천이라는 도시 이미지의 밑거름이 되었다.

도심을 관통하여 흐르는 동천 하구에는 순천만이 있다. 그곳에는 그 동네 사람 말고는 아무도 관심 갖지 않는 하늘만큼 키 큰 갈대밭과 안개 가득한 포구, 갯벌이 있었다. 1996년 여름, 동천 하구 순천만 갈대밭 일원에서의 대규모 하도 정비 계획이 알려졌다. 인근의 대대마을 사람들은 생활권의 피해가 우려된다는 진정서를 작성해 시민단체를 찾아가 도움을 요청했다. 말이 좋아 하도 정비지, 실속은 강바닥 모래 채취 목적이 컸다. 한창 전남 동부권에 산업단지가 들어서고 인프라 확장 공사가 붐을 일으키면서 건설자재 수요가 폭증하던 때였다. 당시 순천시에는 하수처리시설이 없었지만, 순천만에는 그동안 적조가 한 번도 발생하지 않았다. 그만큼 청정한 바다를 지킬 수 있었던 것은 수만 평의 갈대밭과 갯벌이라는 천연 자연정화시설이 있었기 때문이다. 갈대밭을 지키기 위한 긴 싸움은 그렇게 시작되었다. 당시 대학생이었던 나는 선배들을 따라 출퇴근 시간에 하는 피켓 시위를 시작으로 골재 채취 현장 시위, 시내 홍보를 하며 시민의 서명을 받았다. 여러 사람을 만나고 단체들을 방문하며 설득하고 연대하며 여름 가는 줄도 모르고 뛰어다니며 땀 흘렸다. 뜨거웠던 그해 여름, 순천만은 개발과 보전의 격론장이 되었다. 시민단체로 구성된 대책위원회는 환경과 사업허가 절차상의 문제를 분석해서 대응했다. 꾸준히 토론회와 시민 홍보를 했고, 〈한겨레〉와 케이비에스 같은 중앙언론을 통해 사업의 문제점을 집중 조명했다. 그때 보전운동의 중

심에 있던 전남동부지역사회연구소 서희원 소장은 변호사로서 법과
제도에 관한 전문 지식을 적극 활용해 문제를 사회 쟁점으로 만들었
다. 행정기관을 상대로 한 정보공개 청구, 감사원 골재 채취 허가 과
정의 문제점에 대한 순천시 감사 청구, 행정심판 등을 끊임없이 전개
했다. 이렇듯 갈대밭을 살리기 위해 다각으로 노력했지만 그 운동의
끝은 순천만 안개처럼 아득했다.

　지푸라기라도 잡을 심정으로 1996년 10월 말 서울, 녹색연합에서
주최한 습지보전 국제세미나에 찾아갔다. 미리 준비해 간 가을 순천
만의 갈대숲과 풍경 사진 몇 점을 행사장에 전시하고 홍보물을 돌려

가을 순천만의 금빛 갈대숲 (김인철)

보기도 했지만 참석한 이들의 관심 밖이었다. 하지만 세미나 장소 한 편에 전시된 사진 한 장 속에서 도요새를 무려 7종이나 찾아낸 분이 있었다. 당시 황새를 복원하고 있었던 한국교원대 생물교육과 김수일 교수다. 2005년 여름 영면하시기까지 천상 조류학자로서 '살리는 생물학'을 가르치고, '자연과 더불어 사는 세상'을 꿈꾸며, 생태현장을 누비고, 작은 지역 단체의 눈물겨운 호소를 귀담아듣고 연대의 마음을 아끼지 않았던 분이다. 동천 하구 갈대밭 보전에 새로운 물꼬를 트는 계기가 된 또 다른 한 분은 이인식 선생님(당시 교사, 마산창원환경운동연합 사무국장)이다. 우포늪과 주남저수지를 지키며 습지보전운동의 최전선에 서 계셨다.

물론 그럴 수 있었던 결정적 계기는 사진이었다. 순천만의 자연과 어우러져 살아가는 남도 사람들의 흔적을 오랫동안 찍어왔던 사진작가 이돈기는 그때를 이렇게 회상했다.

"한 후배가 연락을 해 와 서울에서 열리는 중요한 학술대회에 순천만 자연환경보전의 필요성을 설명하고 학자들의 동참을 이끌어 내려는데 순천만 사진이 필요하다는 겁니다. 평소 작업한 작품 중에 몇 장을 골랐어요. 그런데 그중 한 장, 가을 갈대숲의 새들을 찍은 사진이 있는데 그 한 장의 사진 속에서 무려 7종의 도요새가 확인된 겁니다. 새의 다양성에 학계가 주목하게 된 것입니다."

1996년 11월 16일, 순천만 첫 생태계 조사팀은 조심스레 동천 하류를 따라 걸었다. 갑자기 김수일 교수가 하늘을 가리키며 "황새다!"라고 소리쳤다. 숨죽여 새들을 관찰하던 일행 모두가 벌떡 일어섰다. 그 힘겹던 '순천만 지키기'도 함께 일어섰다. 조사팀은 황새를 비롯해 흑두루미, 매, 검은머리갈매기 같은 세계적인 멸종위기 새가 5종 넘게 순천만에 서식하고 있음을 확인했다. 순천만 갈대밭과 갯벌은 국제 사회에서도 보호 가치가 있는 자연생태계라는 사실을 그 뒤 이어진 생태계 조사와 다국적 전문가들을 통해 다시 확인할 수 있었다. 이를 통해 습지보전활동에 힘쓰고 있는 나라 안팎 비정부기구와 활동가들, 조류 전문가들의 연대와 지원, 국제 협력을 받을 수 있는 밑바탕을 마련했다. 결국, 1998년에 골재 채취 사업은 취소되었다. 하지만 순천만 보전을 위한 제도적 장치를 마련하는 과정에서 수년간 주민들과 대립하고 갈등하게 된다. 그러나 이후에도 지속된 순천만 보전을 위한 생태계 조사와 생태교실, 생태기행, 토론회, 주민간담회 조직, 순천만갈대축제, 국제심포지엄 등을 통해 지역민과 국내외 사람들에게 순천만은 소중한 자연유산으로 자리매김하게 되었다.

3

순천만 주변에는 학산리와 선학리, 송학리, 학동, 황새골 등 새(鳥)가 이름에 들어간 마을이 많다. 예로부터 송학은 황새를, 학은 두루미를 일컫는 말이었다. 사실, 황새와 두루미는 겨울에만 볼 수 있는 흔하지 않은 귀한 철새로 사람들은 흔히 보이는 백로를 황새나 학으로 불렀던 것 같다. 이들은 모두 길고 가는 목과 다리, 삼각형의 뾰족한

부리를 가지고 있다. 논과 강, 갯벌 등 습지에 산다는 공통점을 가지고 있어 황새나 백로, 두루미를 동일시할 수도 있을 것 같다. 학(鶴)이 들어간 지명들을 살펴보면 그곳이 백로류가 번식하는 곳이나 예부터 새가 많이 살던 곳임엔 틀림없다. 그래서 그런지 순천만에는 백로가 번식하는 곳이 세 군데나 있다. 옛 이사천 강어귀의 대숲 학동마을과 갯벌가의 작은 섬인 별량면 용두마을 앞 장구도, 여수시 율촌면 봉전리 단도에는 수백 마리가 매년 봄이면 찾아와 알을 낳고 새끼를 기른다.

순천만에 오래 살았던 노인들의 이야기에 따르면 흑두루미는 예전부터 이곳에서 관찰되었고 '강산두루미'라고 불렸단다. 강산이 한 번 바뀔 때마다 돌아오기 때문이다. 순천만 최초의 조류 조사에서 59마리의 흑두루미가 월동하고 있다는 사실이 알려지게 되었지만 이보다 훨씬 전부터 흑두루미들이 도래하고 있었음을 짐작할 만한 이야기가 있다. 무려 13년간 순천 시내 한 초등학교의 새장 속에서 지냈던 흑두루미 '두리'의 이야기다. 1988년 봄 순천시 매곡동 골짜기 덤불에서 발목 부위가 끈에 묶인 채 무리와 떨어져 홀로 남겨진 새가 발견되었다. 우연히 그곳을 지나던 동사무소 직원이 구조했지만 집에서 데리고 있기에는 너무 큰 새였기에 자녀가 다니던 순천남초등학교에 기증

◀ 1 쇠백로
  2 해오라기
  3 황로
  4 황새
  5 왜가리
  6 노랑부리백로
  /김인철

하게 된다. 이름 모를 철새는 오랫동안 지상을 뜨지 못했다. 그때부터 아이들이 주는 먹이와 닭사료를 먹고 공작새와 같이 13년을 살았다. 당시 교장은 "흑두루미라고는 생각하지 못했고 어린 황새인 줄만 알았다. 사람이 다가가면 놀라서 '쿠루룻 쿠루룻' 소리치고 날개를 펼치면서 몹시 경계를 했다."고 그때를 기억했다.

학교 사육장 울타리 안에 갇혀 지내던 두리는 2000년 4월 10일 전남동부지역사회연구소 차인환 연구원의 눈에 띄었다. 그동안 알려지지 않았던 흑두루미의 존재가 세상에 밝혀진 계기가 되었다. 당시 흑두루미의 건강 상태를 살폈던 김영대 수의사는 "흑두루미는 야생동물인데 10년 넘게 홀로 사람의 손에 길러졌다는 사실은 지금도 믿기 힘들다."고 회고했다. 두리는 오랫동안 갇혀 지내 운동 부족 상태였고 사육 환경이 나쁜 데다 심한 스트레스를 받아 간과 신장 기능이 몹시 떨어져 있었다. 심폐 기능도 매우 약한 상태였다. 좀 더 좋은 환경으

▶ 새장 속의 두리 /김인철

로 옮기고, 야생으로 돌아갈 기회를 어떤 식으로든지 만들어야 했다. 결국 "진심으로 이 흑두루미를 보호하고 아낀다면 사람이 기르는 것보다 자연으로 돌려보내는 것이 낫다."고 교장을 설득해 허락을 받았다.

2000년 9월 두리를 순천대 서면농장으로 옮기면서, 야생으로 복귀시키기 위한 1년여의 대장정이 시작되었다. 일단 자연먹이를 먹는 훈련을 시켰다. 처음에 두리는 닭사료에 길들여져 볍씨는 먹지만 야채나 미꾸라지, 지렁이, 민물고기 등은 먹지 않아 사람들의 애를 태웠다. 처음 옮겨 왔을 때는 다른 흑두루미와 비교해 왜소해 보이던 두리는 차츰 단백질이 풍부한 자연먹이에 적응하면서 몸피와 체중이 늘어났으며 털 빛깔도 윤택해졌다. 2001년 3월부터 여수MBC의 후원으로 방사기획단을 구성하고 8월부터 순천시 동천 하류의 하수종말처리장 인근에 대규모 방사훈련장을 지어 본격적인 야생 훈련을 시작했다. 또 10월부터는 여수시와 광양시에 있는 골프연습장에서 비행 훈련을 했다. 드디어 2001년 12월 30일 오전 11시, '두리'라 이름 지어진 수컷 흑두루미가 순천만 대대들에서 오랫동안 꿈꾸었던 비상의 자유를 맛봤다. 두리는 왼쪽 다리에 가락지(초록-파랑-초록)와 라디오 송신기를 단 채 방사되었다. 매일 수신기로 위치를 파악하고 다른 흑두루미들과의 상호작용, 행동을 계속 모니터링했다. 놀랍게도 두리의 행동은 다른 흑두루미들과 별반 다르지 않았다. 오랜 시간 동안 사람들의 보살핌을 받았는데도 인간을 동료로 생각하지 않았고 본능적인 경계심을 보였다. 야성을 잃지 않았던 것이다. 동료들과의 관계도 그랬다. 처음에는 가족군에게 쫓겨나기를 반복했지만 시간이 흐름에 따라 그들 무리 속으로 자연스레 스며들었다. 두리의 실화를 바탕으로 쓰여진 『고향으로』(김은하 글, 김재홍 그림, 길벗어린이)는 동화지만 주인공 '두리'의 시각으로 낯설고 무서운 야생의 세계를 보여주고 있다. 두리가 야생의 흑두루미들과 어울리지 못하고, 혼자 잠자고 있는 모습을 그린 그림은 두리의 두려움과 외로움을 느끼기에 충분하다. 그해 겨울의 끝자락에 동료 흑두루미들은 모두 번식지로 떠났다. 두리만이 순천만에 홀로 남았다. 두리는 4월의 어느 날, 예전에 오고 갔던 그 하늘길에 다시 올랐다. 그 먼 길을 어찌 혼자 가려 했을까. 여수MBC에서 제작한 2002년 다큐멘터리 〈흑두루미의 꿈 - 두리 날다〉에서 보여준 두리의 마지막 뒷모습과 울림을 떠올리면 아직도 가슴이 아려온다. 두리의 모습을 다시 봤다는 기록은 아직까지 없다.

4

십여 년 전만 해도 망원경을 가지고 새를 관찰하는 모습은 드문 구경거리로, 낯선 이들의 방문은 시골 사람들에게 새로운 호기심의 대상이었다. 망원경이 측량 기구랑 비슷한지, "측량하러 왔냐?"고 물어보는 분들이 많았다. 그런 분들께 '귀한 두루미를 조사하고 있노라며, 한번 보시면 한 마리당 6개월씩 수명이 연장되니' 보시기를 권했다. 그럼 기분 좋게 망원경을 들여다보시고 좋아들 하셨다.

두루미는 수천 년 동안 한국의 문화와 자연 속에서 장수와 풍요로움의 상징으로 자리하고 있다. 병풍이나 족자, 궁중의복, 옛 그림

속에 장수와 행운, 평화의 상징으로서 다양한 형태로 묘사되어왔다. 순천만 생태해설사들이 천문대나 용산전망대에서 흑두루미를 보여주면서 이 새를 보신 분들은 행운과 복을 얻을 것이라고 했더니 그 자리에서 기도하고, 뭔가를 기원하는 분들이 꽤 있다는 이야기를 전해 들었다. 두루미는 사람들의 마음을 사로잡고 지배할 수 있는 특별한 힘을 지닌 존재인 것 같다.

두루미는 '뚜루루- 뚜루루-' 하는 울음소리에서 그 이름이 유래한, 순수한 우리말 이름을 가지고 있는 새다. 두루미의 라틴어 속명인 '그루스(Grus)'의 어원도 '그루루' 하고 우는 것에서 유래되었고, 일본에서 두루미를 '쓰루(鶴)'라고 부르는 것도 역시 소리에서 기원한 것으로 동서양을 막론하고 두루미의 이름은 울음소리에서 연유되었다는 공통점이 있다. 세계 많은 나라에서 두루미를 신성한 존재로 숭배해왔다. 이 우아한 새가 오랫동안 수많은 사람들로부터 귀한 대접을 받은 까닭은 사람만큼이나 크고 아름다우며, 수 킬로미터 밖에서도 들리는 울음소리를 내는 특별한 새이기 때문일 것이다. 여느 새들과 달리 크고 우아한 날개로 매우 높은 하늘까지 날아오르는 자유로운 영혼을 가진 두루미는 땅에 발을 딛고 사는 인간의 의지를 하늘에 이어줄 수 있는 천상의 전령이라 믿기에 충분하지 않았을까.

또한, 두루미는 십장생의 하나다. 옛 그림에 두루미는 자주 소나무, 돌, 거북, 사슴과 함께 그려지는데 거북이와 같이한 것은 '구학제령(龜鶴齊齡)', 소나무에 있는 것은 '송학장춘(松鶴長春)'이라 하여 장수를 기원하는 의미로 그려졌다. 새해가 되면 연하장이나 달력 등에

▶ 두루미는 불로장생을 상징하는
십장생의 하나다 /artiin

등장하는 대표 인사가 두루미인 것은 이런 장수와 행운의 상징성 때문이다. 과연 두루미는 알려진 것처럼 오래 사는 새일까? 미국에 있는 국제두루미재단에서 돌봤던 '울프(Wolf)'라는 별명의 시베리아흰두루미가 83살까지 살았던 기록이 있다. 물론 기네스북에도 올라 있다. 울프는 대략 20세기 초에 성조의 상태로 포획되어 1·2차 세계대전을 다 겪었고, 1988년에 사고로 죽었다. 야생에서의 삶은 훨씬 위험하기에 이보다 수명이 길지는 않겠지만 사람과 비슷한 수명을 가진 장수하는 새임에는 틀림없다.

5

오늘날 두루미 15종 가운데 11종이 생존의 위협이나 멸종 위기에 처해 국제적으로 보호받고 있다. 지금까지 우리나라에는 두루미와 재

▶ 1 시베리아흰두루미
2 재두루미
3 검은목두루미 가족
4 검은목두루미   /김인철

두루미, 흑두루미, 검은목두루미, 캐나다두루미, 쇠재두루미, 시베
리아흰두루미 등 7종이 있는 것으로 기록되었다. 이 중에서 두루미와
재두루미, 흑두루미는 한반도에서 우리 민족과 오랫동안 함께 살아
온, 동북아시아를 대표하는 두루미들이다. 순천만에서 월동하는 종은
흑두루미와 검은목두루미, 재두루미, 캐나다두루미, 시베리아흰두루
미 5종이 기록되어 있다. 그중에 흑두루미가 가장 많이 월동한다.

흑두루미는 흰 두건을 뒤집어 쓴 수도승처럼 보인다 하여 'Grus monacha'라는 라틴어 학명을 가지고 있다. 두루미류 중 작은 편에 속한다. 흰 머리와 목을 제외한 나머지 부위가 모두 검은색이다. 국제자연보전연맹(IUCN)에서 지정한 국제적 멸종위기 조류로 우리나라에서는 환경부 지정 멸종위기동물 2급, 천연기념물 제228호로 지정되어 보호받고 있다. 순천시는 2007년 시의 상징새를 비둘기에서 흑두루미로 바꿨다.

흑두루미 /김인철

세계적으로 흑두루미가 겨울을 보내는 월동지는 비교적 잘 알려져 있었으나 번식지와 번식 생태는 오랫동안 베일에 가려져 있었다. 뒤늦게 1974년경에야 러시아에서 번식지가 발견되었다. 그 이유는 흑두루미가 두루미나 재두루미처럼 사방이 트인 넓은 습지대가 아닌 숲에서 번식하기 때문이다. 흑두루미는 키 작은 낙엽송과 자작나무가 우거진 삼림지대 중간중간에 있는 습지를 번식지로 선택한다. 물속 식물의 줄기와 잎, 자작나무의 잔가지로 둥지를 만들고 알을 낳고 새끼를 기른다. 숲의 나무 그림자 속에서 둥지를 마련하고 몸 빛깔조차 어두운 검은색이니 사람들이 숲으로 들어가지 않는 한 흑두루미를 쉽게 발견하기는 어려웠을 것이다.

전 세계 생존 개체수가 1만2000마리로 추정되는 흑두루미의 90% 이상이 일본 이즈미에서 월동하고, 한국의 순천만과 천수만, 중국 양쯔강 중류와 하구 지역 등에서 겨울을 난다. 순천만에는 10월 중순경에 도래하기 시작하여 이듬해 4월 초까지 약 6개월가량 머문다.

한국전쟁 전만 해도 흑두루미는 봄·가을 이동 시기에 우리나라 경기도와 충남, 전북 등지에서 수백 마리의 집단이 흔히 눈에 띄었다는 철새였으나, 한국전쟁 이후 거의 관찰되지 않았다. 그러던 중 1984년 경상북도 고령군 다산면에서 처음으로 흑두루미가 월동한다는 사실이 알려졌다. 몇 년에 걸쳐 조사한 결과 200~300여 마리가 매년 서대구와 고령군 일대에 찾아와 겨울을 나면서 낙동강 모래톱과 물가에서 잠을 자고 주변 논에서 먹이를 구한다는 사실을 알게 되었다. 그러나 이곳이 1990년대부터 도시화에 따라 개발되면서 도로가 증가

일본 이즈미에는 매년 1만 마리의 흑두루미가 날아든다 /김인철

하고, 강변의 논들이 하나 둘씩 비닐하우스들로 채워지면서 흑두루미들도 더 이상 월동하지 않게 되었다. 현재는 일본 이즈미로 가는 중간 기착지로 이용되고 있을 뿐이다. 구미시 해평습지 모래톱이나 주남저수지, 낙동강 하구 등에 잠시 내려앉았다 떠나버린다. 그마저도 4대강사업으로 잠시 쉬어가던 모래톱과 하중도 등이 사라져 이곳을 이용하던 흑두루미 도래 집단은 매년 급격하게 줄어들고 있다.

대구 지역의 흑두루미가 사라질 때 새롭게 떠오른 흑두루미의 월동지가 순천만이었다. 멸종위기 국제보호조들은 대부분 사람으로 인한 훼손 정도가 적고 자연이 잘 보전된 서식지에서 나고 자라난 경험을 가진 종들로 구성된다. 계절에 따라 이동하는 철새들은 먹이가 풍부하고 살기에 적합한 지역을 찾아 한 계절을 보내는 게 보통이다. 희귀조류 단 한 종이라도 어느 특정한 지역에만 서식하기를 고집하는 경우에는 나름대로 그만한 이유가 있다.

6

수은주가 영하로 내려가고 눈이 잦아지는 한겨울이면 회색의 연미복을 입은 신사처럼 흰색의 긴 목과 긴 다리를 가지고 있는 재두루미가 순천만에 찾아온다. 재두루미는 한강과 임진강 하구, 연천, 철원평야 등에서 겨울을 보내는데 본격적인 추위가 찾아오면 남쪽으로 이동하는 습성이 있다. 한겨울에 재두루미들이 이동하는 것은 날씨와 연관이 깊다. 재두루미가 취식하는 논에 눈이 쌓여 먹이를 찾을 수 없게 되면, 이들은 일부 집단만 남고 추위를 피해 기온이 따뜻하고 먹이를 구할 수 있는 남쪽으로 이동한다. 한반도의 남쪽에 위치한 순천만이나 강진만, 사천 광포만, 주남저수지, 거제도 등으로 이동하여 겨울을 지내는 것이다. 하지만 대부분은 충분한 먹이를 인위적으로 공급하고 있는 일본 규슈의 이즈미로 내려간다. 이들은 추위가 풀리는 2월 초부터 다시 북상하여 3월~4월 초까지 머물다 번식지로 이동한다.

재두루미(*Grus vipio*)는 두루미과에 속하는 대형 조류로 흑두루미보다 훨씬 크다. 재두루미 얼굴에는 유난히 붉은 부위가 많다. 눈 주변의 붉은 뺨은 깃털이 아니라 피부로, 무수한 작은 돌기에 혈액이 모여 붉게 보인다. 어린 재두루미는 깃털로 덮여 있는데 나이가 들면서 붉은색 뺨이 더 많이 나타난다. 노출된 뺨을 보고 건강함이나 성숙함을 알 수 있다. 재두루미의 얼굴 피부가 노출된 까닭은 땅이나 진흙을 파서 식물의 알뿌리나 덩이줄기 따위를 찾아 캐 먹는 습성에서 기인한다고 알려져 있다. 재두루미가 부리로 땅을 찧는 모습은 꼭 곡괭이로 땅을 파는 것처럼 힘차다. 독수리가 동물 사체 속에 머리를 넣고 먹이를 먹을 때 깃털에 오물이 묻지 않도록 대머리가 된 이유와 비슷하다. 재두루미와 비슷한 습성을 가진 시베리아흰두루미와 볼장식두루미들도 얼굴에 붉은 피부가 넓게 노출되어 있다.

겨울이 봄으로 향해 갈 때 날씨가 따뜻한 날이면 가끔 재두루미 부부가 서로 마주보며 춤추고 노래하는 모습을 볼 수 있다. 암수가 서로 애정을 확인하고 유대감을 높이는 것을 '마주울기(Unison call)'라고 한다. 암컷이 짧게 '꾸, 꾸' 소리를 시작하면 수컷은 목을 뒤로 젖히고 부리를 하늘로 향해 날개를 활처럼 휘도록 펼쳤다 접었다 하는 동작과 '꾸르르, 꾸르르' 노래를 반복한다. 암컷도 수컷을 따라 소리와 동작을 맞춰준다. 이런 행동을 통해 서로의 관심과 애정을 확인하는 것이다.

재두루미는 국제자연보전연맹에서 지정한 국제적 멸종위기 조류이며, 환경부 지정 멸종위기동물 2급, 천연기념물 제203호로 지정되

흑두루미 한 쌍의 마주울기 /김인철

여 보호받고 있다. 전 세계 생존 개체수는 7,000여 마리로 추정되고 있다. 번식지는 몽골, 중국 동북부, 러시아 연해주 남단 지역이며 월동지는 한반도와 일본, 중국이다.

7

용산 밑 소나무에 왜가리와 백로들이 쉬고 있다. 유람선에서 바라보던 사람들은 이 새들을 보고 학이다 황새다 두루미다 저마다 자기가 옳다며 이야기를 한다. 소나무에 두루미가 그려진 옛 그림을 많이 봐온 탓이다. 두루미는 왜가리나 백로, 황새처럼 나무 위에 올라설 수 없다. 뒷발가락이 백로처럼 길지 않다. 두루미의 발가락은 넓은 초원이나 평지, 습지를 잘 걸어 다닐 수 있도록 매우 짧고 다리 위쪽에 붙어 있다. 두루미 생태를 안다면 소나무의 두루미가 이치상 맞지 않음을 금방 알 수 있다. 하지만 두루미가 갖는 '장수(長壽)'라는 상징을 생각하면, 사계절 늘 푸르른 소나무와 어울림은 오래오래 사시라는 바람을 담은 것이다.

두루미(*Grus japonensis*)는 우리나라에 찾아오는 두루미류들 가운데 덩치가 가장 크다. 키 150㎝, 날개 길이가 240㎝에 우아하고 아름다운 흰색의 몸을 가졌으니, 옛사람들은 신선이 타고 다니는 새라고 생각했을 듯하다. 현존하는 두루미류 15종 중에 북미 대륙에 사는 아메리카흰두루미에 이어 두 번째로 적은 약 2,750마리 정도가 생존해 있다. 우리나라도 극히 제한된 지역에서만 관찰된다. 순천만에서는 두루미가 관찰된 기록은 없다. 남쪽 지방에는 잘 내려오지 않고 비무장지대 인근의 연천과 철원에서 주로 월동하고 소수가 강화도와 파주에 정기적으로 도래한다.

아름다운 두루미의 실제 삶은 썩 평화롭지도 못할 뿐더러 그들이 '무병장수'하는 길은 멀고도 험하다. 두루미의 땅으로 잘 알려져 있는 철원을 보자. 5,000ha에 이르는 넓은 평야, 몸을 숨기기 좋은 구릉지, 겨울에도 얼지 않는 샘물과 하천, 크고 작은 저수지들, 비무장지대와 가깝고 민통선이 사람을 출입을 막아 두루미들이 살아가는 데 좋은 '두루미의 왕국'으로 두루미와 재두루미가 터를 잡고 살기에 이보다 더 좋은 조건은 없다. 하지만 두루미의 마지막 피난처 철원의 사정도 시간이 흐를수록 위태롭다. 겨울이면 농지를 정리한다고 덤프트럭과 포크레인이 곳곳에서 웅웅거리고, 매년 늘어나는 시설재배용 비닐하우스가 낙곡 먹을 자리를 지워간다. 마시멜로처럼 생긴 곤포 사일리지는 생볏짚을 싹쓸이해 가 논바닥에는 먹을 게 없다. 곤포 사일리지가 있는 논에는 두루미가 먹을 만한 벼 낟알이 거의 없었다. 먹이자원과 두루미의 관계를 연구한 결과를 봐도 두루미들이 그곳을 이용하는 횟수가 뚜렷이 적었다. 게다가 퇴비용 분뇨차량들도 수시로 드나들며 그나마 남아 있는 볏짚 위로 악취 나는 분뇨를 시커멓게 뿌려대는데 이런 곳에서 어떻게 살 수 있겠는가. 두루미는 보통 자기 영역을 지키며 가족 단위로 일정한 지역에 머무는 습성이 있다. 만일 어떤 지역이 개발이나 여러 가지 이유로 없어진다면 그곳의 두루미는 자신의 땅을 잃게 되는 것이다. 북한의 식량 사정이 나빠지면서 북한 안변에 월동하는 두루미들이 철원으로 옮겨 왔다고 한다. '난민 두루미'가 고향으로 돌아가기 전에 철원에서 어찌될까 걱정이다.

철원 지역에서 구조되거나 죽은 채 발견된 두루미와 재두루미의 사망 원인을 분석했더니 전깃줄과 철책에 충돌하는 사고로 다리나 날개가 골절되어 사망한 경우가 가장 많았고, 독극물 중독, 밀렵 등으로 다양했다. 직접적으로 다치거나 사망에 이르게 한 원인들 대부분이 인간에 의한 것들이거나 인간의 욕심이 불러온 것들이다.

순천만에서도 죽은 흑두루미가 여럿 있었다. 자연사한 경우도 있지만 역시 사람에 의한 것이 대부분이다. 1997년 1월 갈대밭에서 영양실조로 사망한 어린 흑두루미 한 마리가 발견된 적이 있었다. '두리'를 방사하기 직전인 2001년 12월에는 농약 중독으로 폐사한 흑두루미 한 마리가 발견되어 방사 일정이 조정되기도 했다. 당시 일부 주민들이 몰래 농약을 묻힌 볍씨를 뿌려 겨울 논에 들어온 물오리를 잡아먹던 시절이라 일어난 일이다. 순천만이 2003년 습지보호지역으로 지정되면서 이런 일들은 드물게 되었다. 2008년에는 어린 흑두루미가 전선에 충돌하여 사망한 사건이 있었다. 순천만 인근의 인월동에 위치한 전남야생동물구조센터에 가면 이마에 충돌의 흔적이 뚜렷한 흑두루미 박제를 볼 수 있다. 이 사건을 계기로 2009년 4월 순천만 농경지 일부 지역의 전봇대 280여 개를 뽑아 전국적인 이슈가 된 적도 있었다.

8

『흑두루미를 칭찬하라』는 어떤 자기계발서의 제목이다. 순천만을 창조와 혁신의 갯벌로 소개하고 있는 책이다. 생태관광지 일번지로 성공하게 된 배경과 숨은 이야기를 약간의 과장과 저자의 마케팅 스토리 경험을 녹여 흥미진진하게 풀어냈다. 순천만은 개발과 보전 사이의 쉽지 않은 갈등과 대립 요소를 지역 구성원들이 다양한 방식으로 슬기롭게 풀어온 보전운동의 역사 그 자체다. 또한 순천만이라는 생태자원을 자치행정의 모범으로 만든 사례이기도 하다. 그 성과를 단적으로 보여주는 지표가 흑두루미였다. 순천만에서 흑두루미가 처음 목격된 이래, 그 마릿수는 매년 증가했고, 2015년에는 1천 마리를 넘어섰다. 순천만에 쏟아 부은 행정력과 예산, 시민의 관심과 행동들이 이야기가 되고 감동이 되어 세인의 관심과 발걸음이 늘어나는 만큼 이곳을 찾는 흑두루미들도 매년 늘어났던 것이다. 그중 '철새를 위해 전봇대를 뽑는 순천만' 이야기는 사람들에게 신선한 충격과 함께 행동하는 생태수도 순천에 관심을 갖게 했다. 2009년 3월 세계두루미의 날 행사를 순천에서 준비하면서 SBS 박수택 환경전문기자를 초청하여 두루미 이야기를 들었다. SBS스페셜 〈두루미, 떠나가는 천년학(千年鶴)〉를 기획하고 취재했던 기자의 경험과 고민을 나누고 싶었기 때문이다. 강연이 끝나고 박수택 기자와 당시 순천시장이던 노관규 시장, 담당 공무원, 행사 관계자들이 참석하여 식사를 했다. 그 자리에서도 두루미 이야기가 중심이었다. 순천만에서도 어린 흑두루미가 전선줄에 부딪혀 죽었다는 이야기가 공유되었고, 마침 순천만 경관을 해치는 전봇대에 대해 고민하던 시의 이야기를 듣던 박수택 기자가 한 가지 제안을 했다. "전봇대 뽑읍시다. 만약 그렇게 한다면 환경부 출입기자단 전체를 데려오겠습니다. 자연과 공존을 위한 순천시의 아름다운 배려. 이야기가 됩니다." 시장은 그렇게 하겠다고 약속했다. 그해 4월에 예정되어 있던 순천만 두루미 워크숍 때 추진하기로 구체적인 날짜까지 못 박았다.

전봇대는 1년에 일주일가량 사용되는 농사용 양수기를 돌리는 데 필요한 전기를 공급한다. 농민과 한전의 이해 당사자를 설득하는 일이 쉽지 않았다. 전봇대 뽑기의 첫 난관은 농민들의 반발이었다. 순천시 공무원은 전봇대 뽑기 설명회를 진행하다 흥분한 농민들에게 봉변을 당하기도 했다. 농민들은 "전봇대를 뽑아 농사도 못 짓게 하려 한다."며 격앙했다. 한전도 이명박 대통령 취임 초 목포 대불공단 민원으로 전봇대 두 개를 철거하면서 여론에 호되게 당한 경험이 있

▲ 철새들을 위해 전봇대를 뽑아내다 /김인철

200

었던 터라 '전봇대 때문에 두루미가 죽는다'는 여론이 확산될까 봐 무척 소극적이었다. 게다가 전봇대를 지중화할 경우 들어갈 수십억 원의 예산도 문제였다. 그 돈이면 순천만 논을 다 사고도 남는 금액이었기 때문이다.

그러나 농민들은 차츰 '전봇대를 뽑고 친환경 쌀을 재배해 흑두루미가 살 수 있는 순천만을 만들면 모두에게 혜택이 돌아간다'는 시의 약속을 믿기 시작했다. 농민들이 스스로 전기 사용 철회 신고서를 내자 한전도 어쩔 수 없이 전봇대를 제거하는 데 협조했다. 예산 문제는 양수기에 초점을 맞추자 쉽게 해결되었다. 농경지 곳곳에 기름으로 돌리는 대형 양수기를 설치하고 논마다 물을 댈 수 있는 관을 땅에 묻어 연결하는 방법으로, 지중화보다는 훨씬 적은 예산으로 해결할 수 있었다. 전봇대 뽑기는 지역 농민의 지혜와 참여, 행동이 있었기에 가능했다.

2009년 4월 11일 고가 사다리차에 탄 노관규 순천시장과 이기섭 한국두루미네트워크 대표는 흰 장갑을 끼고 가지치기용 가위로 전선을 싹둑 잘라냈다. 지켜보던 시민과 관광객이 환호성을 질렀다. 이들은 힘을 합쳐 줄을 당겨 전봇대를 넘어뜨렸다. 철새 보호를 위해 전봇대를 없앤 것은 우리나라에 전기가 도입된 120여 년 만에 처음 있는 일이었다. 전봇대 280여 개가 없어진 59ha의 논은 경관농업지구, 철새농업지구, 희망농업지구 등의 이름으로 불리며 친환경농법으로 쌀을 생산하는 곳으로 거듭났다. 그 쌀은 사람과 철새가 함께 나누는 '흑두루미 쌀'이 되었다. 순천시가 전량 수매하기 때문에 농사를 짓는 농민들은 걱정이 없다. 겨울이면 농민들은 철새지킴이 조끼를 입고 재배한 쌀의 일부를 먹이로 나누었고, 두루미들의 든든한 파수꾼이 되었다.

9

순천만자연생태공원 남쪽 59ha의 농경지는 친환경 벼농사를 지으며 흑두루미가 월동하는 기간 동안에 엄격히 출입이 제한되는 집중 보호구역이다. 2012년 3월 4일 오전 순천만 철새농업지구 농경지로 독수리 십여 마리가 날아들었다. 떼로 몰린 독수리들은 뭔가를 먹고 있었다. 갓 죽은 사체 냄새를 맡은 또 다른 독수리들이 하늘에서 그 주변으로 내려와 앉았다. 당장 그 속으로 끼지는 못하고 자신들의 순서가 돌아오기를 기다리며 그곳에서 시선을 놓지 못한다. 불길한 생각에 현장으로 달려가 확인한 결과 산산이 찢기고 흩어져 형체를 알기 어려운 흑두루미의 흔적과 죽은 흑두루미들이 여기저기서 발견되었다. 후에 밝혀졌지만 죽은 원인은 '독극물(농약의 일종인 포스파미돈) 중독'이었다. 누군가 뿌려놓은 그 볍씨를 흑두루미가 먹고 죽은 것이다. 이 중독 사건은 흑두루미로 끝나지 않았다. 얼마 후 독수리들 중 몇 마리는 2차 중독 증세로 쓰러져 구조되기도 했다.

독수리들이 집단으로 몰려들어 죽은 흑두루미를 먹는 장면은 그 주변에서 이를 관찰하던 흑두루미들에게는 큰 충격이었을 것 같다. 해를 가릴 듯 검고 큰 날개를 펼치고 지상으로 내려와 그 날카로운 부리로 살을 찢어내는 독수리들의 모습은 흑두루미들에게 틀림없이

인간들 탓에 흑두루미에게 공포의 대상이 된 독수리 /김인철

자신도 그렇게 당할 수 있다는 두려움을 심어주지 않았겠는가. 한낮 농경지에서 한가로이 먹이를 먹다가도 하늘에 독수리들의 그림자가 드리워질 때면 어김없이 흑두루미들은 하늘로 날아올랐다. 사람이나 차량 같은 방해 요인이 접근할 때처럼 말이다. 2013년 11월부터 이듬해 3월 말까지 매주 순천만 흑두루미 월동생태를 연구하기 위해 흑두루미 행동을 관찰한 결과, 독수리가 나타나면 매번 흑두루미는 하던 행동을 멈추고 도망치듯 날아갔다. 전에는 그런 일이 없었다. 새를 사냥하는 검독수리나 흰꼬리수리가 나타나면 경계하고 피하기는 했지만 독수리의 경우는 그렇지 않았다. '자연의 청소부' 역할을 하는 독수리는 덩치만 크고 동작이 느려 사냥을 못 하기에 죽은 동물의 사체만 먹고 산다. 그런데 왜 흑두루미들은 독수리를 두려워하게 된 걸까? 독극물 중독 사건 이후 독수리에 대한 경계행동이 나타난 것으로 생각된다. 이런 현상을 순천만 흑두루미의 '독수리 트라우마'라고 이름 지어봤다. 트라우마(외상 후 스트레스 장애)는 신체적인 손상과 생명의 위협을 받은 사고에서 정신적으로 충격을 받은 뒤에 나타나는 질환이다. 반려견을 키우거나 동물을 오랫동안 관찰하고, 동물과 함께 생활했던 사람들은 동물들도 서로 의사소통을 하며 우리와 같은 감정을 갖고 있다는 사실을 숨 쉰다는 사실만큼이나 자연스럽게 인정하게 된다. 흑두루미들은 자신이 직접 당하지는 않았지만 관찰자로서 그 자리에 있었고, 그 경험을 가진 흑두루미들의 공포가 다른 흑두루미들에게 전해졌을 거라는 추측을 해본다.

진화생물학자로 유명한 리 듀거킨의 『동물에게도 문화가 있다: 이

기적 유전자만으로 설명할 수 없는 동물들의 진화』라는 책에 문화적 전달과 생존 문제를 다룬 대목이 있다. 거피(관상용 열대어)들에게 '포식자 대항 교육'을 시켜 생존에 미치는 직접적인 영향을 조사했다. 실험 결과 포식자에 대항하는 경험을 관찰한 거피는 자기 자신뿐만 아니라 함께 지냈던 경험이 없는 다른 거피의 생존에 영향을 미쳐 포식자 대항 경험이 있는 거피처럼 생존 확률이 높았다. 즉, 이 실험은 문화적 전달이 동물의 행동에 정말로 어떻게 영향을 미치는가를 보여주는 사례다. 과학적으로 동물이 가지고 있는 마음과 감정을 증명하기란 어렵다. 하지만 인간의 결정과 행동이 어떤 결과를 낳았고, 그 동물의 마음에 어떤 영향을 주게 되는지는 그다지 어렵지 않게 알 수 있다. 농약을 묻힌 볍씨가 흑두루미를 죽게 만들었지만 살아남은 다른 흑두루미들은 또 다른 죽음의 고통을 느끼는 것이다. 순천만의 흑두루미들이 독수리를 두려운 존재로 받아들이게 된 그 시원은 사람에게 있음이 명백하다.

10

봄맞이꽃이 엷은 푸른 낯을 하늘에 내놓을 때쯤 겨우내 순천만에 머물던 흑두루미들이 하나둘 떠나간다. 일본 이즈미 시에서 월동하던 흑두루미들도 3월 중순이 되면서 본격적으로 이동한다. 봄과 가을의 이동 시기가 되면 수년 전부터 전국에 퍼져 있는 탐조인들은 흑두루미의 하늘길을 관찰하며 언제, 어디서, 어디로, 얼마나 이동하는지 등 관찰 정보를 전화나 문자, 소셜 미디어로 실시간 소통한다. 가을철 월동지로 남하하는 두루미들은 단번에 내려오지 않는다. 약 한 달에 거쳐 대륙과 한반도 군데군데에서 쉬면서 좋은 곳이 있다면 더 머물기도 한다. 러시아와 중국의 중간 기착지에서 흑두루미 이동 소식이 전해지면 얼마 되지 않아 우리나라 곳곳에서도 흑두루미를 발견했다는 소식이 공유된다. 공유된 정보는 변화를 읽어내는 힘이 되기도 했다.

2015년 3월 말 충남 천수만에서 확인된 흑두루미가 하루 최대 5,000마리를 넘어섰다. 한 장소에서 하루에 관찰된 숫자가 이즈미에서 월동하던 1만 마리의 절반이었다. 일본에서 비교적 가까운 거리에 있는 순천만과 남해안 지역에서는 흑두루미들의 대규모 무리가 관찰되지 않았다. 봄철 천수만에서 하루 동안 관찰된 최대 개체수가 2010년에는 1,000마리, 2011년 1,400마리, 2012년 2,000마리, 2013년 2,500마리, 2014년 3,000마리, 2015년 5,000마리로 매년 늘었다. 반면 흑두루미의 주된 북상 경로였던 낙동강에서는 수십 마리 정도만 관찰되었다. 낙동강 유역의 모래톱이 2009년 4대강사업으로 사라지면서 이런 현상은 가속화되었다.

낙동강가에 위치한 구미의 해평습지는 매년 10월 말이면 수천 마리의 흑두루미들이 월동지인 일본 이즈미로 가기 위해 들르던 중간 기착지였다. 유장한 흐름의 낙동강 본류가 굽이쳐 연출한 넓은 모래톱과 사주, 얕은 수심이 흑두루미들이 안전하게 쉬어 가게 배려하는 아름다운 곳이었다.

4대강사업으로 강이 준설되면서 중간에 내려 휴식하던 모래섬과 모래사장이 없어졌다. 하류에 물을 가두기 위한 보가 설치되었고 수심도 깊어져 더 이상 이들이 내려앉아 쉴 장소는 남아 있지 않다. 남북으로 흐르는 낙동강을 따라 고속도로 휴게소처럼 군데군데 나타나던 모래톱은 사라졌다. 날갯짓 아래 산과 강을 살피며 수천 년간 세대를 이어 오가던 하늘길에 대한 믿음이 무너졌다. 수백 킬로미터를 날아왔던 흑두루미들은 잠시 내려 물 한 모금 편히 마시지도 못하고 밤새 바다를 건너 바로 일본 이즈미로 이동한 것이다. 월동지로 남하하는 과정에 경험한 혹독한 목마름은 북상하는 하늘길을 아예 서해안 쪽으로 바꿔버렸다.

두루미가 번식지와 월동지 사이의 하늘길을 찾아가는 능력은, 부모 두루미들이 이끌어주고 나이 든 연장자와 함께 비행하며 해를 거듭할수록 자란다. 장기간의 사회적 학습을 통해 경관에 대한 공간적 기억을 늘려나가 눈에 띄는 이정표와 지형에 대한 정보를 축적한다. 성별이나 유전적 요인과는 상관이 없고, 무리의 크기와도 무관하다. 나이 듦에 따라 정교하며 합리적인 비행 경로를 찾아간다고 한다. 첫 하늘길을 나서는 어린 두루미가 월동지로 가는 길에 내려다보는 한반도의 산과 강은 어떤 모습으로 각인될까 생각하면 왠지 부끄럽다.

산과 들에 꽃들이 피고, 매화꽃이 만개할 때면 흑두루미의 몸 안에서 돌아가는 생체시계도 곧 떠날 때가 되었음을 알린다. 상승기류를 타기 좋은 날이면 무리 지어 하늘 높이 올라 바람을 탄다. 일 년의 반을 머물렀던 이곳을 기억하기 위해서인지 수없이 하늘을 맴돌며 높이높이 올라간다. 두루루- 두루루- 호령 소리에 크고 작은 점

하늘길을 날아 집으로, 집으로 /김인철

들이 겹치기를 여러 번 반복하며 모였다가 흩어진다. 비행 연습을 마
치고 낙엽처럼 사뿐히 지상으로 내려온다. 무논에서 목욕하고 깃을
정성스레 하나하나 다듬는다. 번식지로 돌아가기 위한 최상의 몸 상
태를 유지해야 하기에 더 많이 먹고, 쉬고, 씻는다. 단순한 하루의 일
과지만 다음을 위한 트레이닝 같다. 짝이 없는 젊은 총각, 처녀 두루
미들은 맞선을 보기도 한다. 먼 북쪽 시베리아에 있는 그들의 나라

'습지'로 돌아가 다음 세대를 이을 건강한 알을 낳고, 새끼들을 기른 뒤 새로운 가족과 함께 또 이곳으로 돌아올 것이다.

11

교문을 나서기만 하면 바로 흑두루미가 보이는 학교가 있다. 순천만과 가장 가까운 곳에 위치한 순천 인안초등학교다. 한때 500명이 넘게 다니던 학교가 2011년 전교생 23명으로 줄어 폐교가 되는 듯했다. 그해 새로 부임한 교사들은 가까운 거리에 정원 같은 순천만을 둔 아름다운 학교가 그냥 사라지는 것을 너무 안타까워했다. 쇠락하던 학교에 생기를 불어넣은 것은 순천만이었다. 똑같은 판박이 교육 과정이 아닌 학교와 지역에 뿌리를 둔 특색 있는 교육 과정 '흑두루미 논 가꾸기 프로젝트(순천만에 날아드는 흑두루미가 편히 쉴 수 있는 논과 갯벌을 만들기 위해 유기농 농사를 짓고, 순천만의 생태를 체험으로 알아가는 연간 50시간 이상의 전교생 프로젝트 학습)'가 만들어졌다. 이 프로젝트에는 농부, 생태해설가, 시민단체, 전문가, 공무원 등 수많은 지역 사람들이 함께했다. 지역사회와 함께한 흑두루미 프로젝트는 작은 학교가 다시 날 수 있는 날개가 되었다. 지금은 100명이 넘는 학생이 이 학교를 다닌다.

2012년 초반 새 학기가 시작되기 전으로 기억한다. 인안초교에 근무하는 박향순 선생님이 당시 순천만자연생태공원에서 철새와 습지 담당 주무관으로 있던 나를 찾아왔다. 학생들의 생태감수성을 기르는 특색사업으로 '흑두루미 논 가꾸기' 프로젝트 수업을 준비하고 있다면서 도움을 달라는 것이었다. 그 전에도 순천만이라는 훌륭한 생태적 공간을 아이들과 나누고 싶은 생각에 여러 학교와 생태교육과 체험을 진행해왔었다. 지역의 여러 학교와 몇 차례 시도했지만 저마다의 사정으로 계속 이어지지 못했다. 하지만 인안초교의 경우는 달랐다. 50시간의 꼼꼼한 계획에서 학교 구성원의 열의와 아이들을 위한 마음, 순천만에 대한 애정을 읽을 수 있었다. 함께하자고 했다. 순천만에 근무하는 과장과 부서장, 관련 분야의 담당자들에게 사업 취지를 설명하고 협조를 구했다. 순천만자연생태공원이 보유한 생태체험 시설과 배, 이층버스, 천문대, 프로그램 등 필요한 모든 것을 지원하기로 약속했다. 벼농사를 지을 논도 소개하고 '흑두루미 영농단' 소속 농민들이 농사 선생님이 되어주었다. 학년별 생태교육을 지원할 전문가는 생태해설가 모임인 '자연환경해설사협회' 분들이 자원봉사로 나서주었다.

하나의 프로그램에 이토록 많은 이들의 수고와 마음을 담는다는 것은 쉬운 일이 아니다. 4년째 흑두루미 논 가꾸기 프로젝트를 이어오면서 아이들은 친구와 친구, 선배와 후배, 아이들과 선생님, 선생님과 선생님, 아이들과 자연, 아이들과 지역민, 선생님과 지역민, 선생님과 자연, 학교와 학부모, 학교와 지역사회 등 수많은 관계 맺음 속에서 더불어 살아가는 방법을 배워나갔다.

프로젝트를 담당하는 박향순 선생님은 "생명과 공존의 가치 인식, 아이들에 대한 사랑"이 있었던 덕분이라며, "우리 아이들은 이 많은 이들의 정성과 수고를 몸과 마음으로 느끼고 담았을 것입니다. 그리

/순천 인안초등학교

/김인철

/순천 인안초등학교

순천인안초등학교가
함께 하는
흑두루미
논입니다

흑두루미 논 가꾸기 프로젝트

/김인철

고 건실하게 자랄 것입니다. 받은 사랑만큼 또 다른 이들과 생명들에게 베풀 것입니다."라고 말했다.

일본 이즈미의 두루미는 지역의 소우중학교 두루미클럽과 다카오노중학교 두루미클럽의 학생들이 조사한다. 2013년에 결성된 인안초교의 흑두루미 모니터링단 학생들도 언젠가 자신들이 헤아린 흑두루미 개체수가 공식 기록으로 인정될 것을 기대하며 '순천만 갯벌지기단' 선생님들로부터 흑두루미 모니터링 방법을 익히고 있다.

순천만자연생태관 1층 기획전시실에 '흑두루미 논 가꾸기' 1년 농사가 고스란히 전시되어 있다. 논 생물 관찰, 모내기, 벼가 잘 자라도록 들려줬던 노래와 연주, 새를 부르는 특별한 허수아비, 서툰 낫질로

흑두루미를 모니터링하는 인안초등학교 아이들 /순천 안안초등학교

벼를 베고 벼 훑기, 기른 쌀로 밥 짓고 나 한 입 두루미 한 입, 흑두루미 생태일기 등등 아이들이 경험했을 시간들과 즐거움, 흑두루미에 대한 사랑을 읽을 수 있다.

12

순천만을 찾아오는 두루미류의 숫자가 일천 마리를 넘어서면서 순천을 '천학의 도시'라 부르고 있다. 순천만을 지키고자 노력했던 시민들의 보전운동과 지역민의 배려, 생태보전을 위한 행정적 노력이 천 마리의 두루미를 이 땅에 살게 만든 것이다. 참으로 대단한 일이다. '천학의 도시', '1천 마리의 두루미를 품는 도시'는 어떤 의미일까 곰곰이 생각해본다. 단순히 천 마리의 두루미가 왔다는 숫자풀이로 뜻을 제한하는 것은 그동안 애쓴 이들의 노고를 가벼이 여기는 일이다.

천학은 학이 천년을 산다는 옛 사람들의 생각에서 생겨난 '천년학(千年鶴)'이라는 말의 줄임말 같다. 실제 두루미는 천년을 살지 않지만, 천년이라는 긴 시간 동안 아무런 어려움 없이 평화롭게 그 땅에서 그 어미의 어미가 살았던 것처럼 자식이 살아가고 그 자식의 자식도 똑같이 살아간다면 천년학이라는 말이 맞다. 하지만 불행하게도 우리나라에 찾아오는 두루미류의 대부분이 멸종위기에 처해 있는 종들이다. 두루미들은 천년학을 꿈꾼다.

두루미들이 겨울을 나는 월동지와 새끼를 기르는 번식지, 그리고 그 사이를 오갈 때 잠시 머무르는 중간 경유지들 모두는 두루미의 땅이다. 어느 한 곳에라도 문제가 생긴다면 두루미의 생존에 큰 위협이

될 것은 뻔하다. 일본 이즈미의 두루미 집단이 과밀해진 것은 우리나라의 서식지들이 지속적으로 훼손된 데에 원인이 있다. 만약 조류 관련 질병이 발생한다면 갑작스런 멸종으로 이어질 가능성이 높다. 순천만처럼 우리나라의 서식지들이 잘 보전된다면 더 많은 흑두루미들이 국내에 월동하게 되어 우리나라로 역분산되는 효과를 가져올 수 있을 것이다. 두루미가 선택한 이 땅들에 우리가 관심을 가져야 할 이유다. 그래야만 두루미의 삶이 온전하게 천년을 이어갈 수 있다.

흑두루미와 사람은 갯벌과 논이라는 공간을 공유하며 산다. 흑두루미의 삶을 이루는 공간들은 우리 삶을 이루는 공간들이기도 하다. 하지만 흑두루미와 사람이 이용하는 공간 속에서 자연의 시간은 절묘하게 비껴 흐른다. 한해 농사를 마무리하는 가을걷이가 끝나고, 갯벌생물이 동면에 들어가 갯일이 한가로워지는 시간이면 그 빈자리를 흑두루미들이 채운다. 두루미들이 이 땅에 정착하면서 시작된 숨겨진 약속이었다. 순천만은 그 약속을 지키고자 노력했고, 흑두루미들은 거기에 화답했다. 그것이 1천 마리의 두루미다.

흑두루미가 자유롭게 비행하고 살아가는 곳은 생태계와 사람이 평화를 이루는 곳이며, 사람도 건강한 생활을 영위할 수 있는 희망의 땅일 것이다. 자신이 얼마나 행복한가를 측정하는 행복지수처럼 자연과 인간이 얼마나 잘 공생하고 있나 따질 수 있는 지표를 하나 마련하라면 그것은 흑두루미의 마릿수일 것 같다. 1천 마리의 두루미는 두루미와 인간이 더불어 살아가는 관계의 크기다. 또 1년의 반을 순천만에 머물며 생의 절반을 순천만에서 보내는 흑두루미를 위한 배려의 깊이다.

동서고금을 막론하고 두루미는 인간에게 친밀한 존재였다. 사람들은 예로부터 두루미를 늘 곁에 두면서 아름다움을 배우고 귀하게 여겼다. 그런 존재와 더불어 사는 삶을 꿈꾼다. 우리가 꿈꾸는 천학의 도시는 '1천 마리의 두루미를 품는 도시'가 아니라 '천년학을 품는 도시'다.

┃국립공원관리공단 종복원기술원

☎ 061)783-9120

전라남도 구례군 마산면 화엄사로 402-31(황전리 산44-1)

🖱 bear.knps.or.kr

┃국립생물자원관 한국의 멸종위기종

☎ 032)590-7000

인천광역시 서구 환경로 42(경서동 2-1 종합환경연구단지)

🖱 www.korearedlist.go.kr

┃한국생물다양성 정보공유체계

🖱 www.cbd-chm.go.kr

┃환경부 자연생태 라이브러리

☎ 02) 458-0803

서울시 광진구 자양로 282-1(구의동 56-2) 난빌딩 502호

🖱 www.ecolib.or.kr

| 환경운동연합

☎ 02)735-7000

🖾 서울시 종로구 필운대로 23(누하동 251)

🖱 kfem.or.kr

| 국제두루미재단 (International Crane Foundation)

🖾 E-11376 Shady Lane Road

P.O. Box 447

Baraboo, WI 53913 USA

🖱 www.savingcranes.org/

| 국제자연보호연맹 IUCN Red List

☎ +41 22 9990000\

🖾 Rue Mauverney 28, 1196 Gland, Switzerland

✉ mail@iucn.org

🖱 www.iucn.org

| 멸종위기 야생동물 보호 워싱턴 조약 사이트 CITES

☎ +41-(0)22-917-81-39/40

🖾 11 Chemin des Anémones, CH-1219 Châtelaine, Geneva, Switzerland

✉ info@cites.org

🖱 www.cites.org

| 생물다양성보존협약

☎ +1 514 288 2220

✉ 413, Saint Jacques Street, suite 800, Montreal QC H2Y 1N9, Canada

✉ secretariat@cbd.int

🖱 www.cbd.int

| 김신환 원장 블로그 '시몬피터의 새사랑'

🖱 blog.daum.net/ds3bjv/

| 철원두루미학교 (교장 진익태)

🖱 cafe.daum.net/turumi/

| 한겨레 환경생태 전문 웹진 '조홍섭 기자의 물바람숲'

🖱 ecotopia.hani.co.kr/